VON REUSNER, SATZ · GESTALT · SCHICKSAL

QUELLEN UND FORSCHUNGEN
ZUR SPRACH- UND KULTURGESCHICHTE
DER GERMANISCHEN VÖLKER

BEGRÜNDET VON
BERNHARD TEN BRINK UND WILHELM SCHERER

NEUE FOLGE
HERAUSGEGEBEN VON HERMANN KUNISCH
6 (130)

ERNST VON REUSNER
SATZ · GESTALT · SCHICKSAL

WALTER DE GRUYTER & CO., BERLIN

vormals G. J. Göschen'sche Verlagshandlung — J. Guttentag, Verlagsbuchhandlung
Georg Reimer — Karl J. Trübner — Veit & Comp.

1961

SATZ · GESTALT · SCHICKSAL

UNTERSUCHUNGEN ÜBER DIE STRUKTUR IN DER DICHTUNG KLEISTS

VON

ERNST VON REUSNER

WALTER DE GRUYTER & CO., BERLIN

vormals G. J. Göschen'sche Verlagshandlung — J. Guttentag, Verlagsbuchhandlung

Georg Reimer — Karl J. Trübner — Veit & Comp.

1961

Diese Arbeit wurde 1959 unter dem Titel „Studien über die sprachlichen und gestaltlichen Bezüge in der Dichtung Kleists. Zur Fügweise Kleists" der philosophischen Fakultät der Ludwig Maximilian Universität in München als Dissertation zur Erlangung des Doktorgrades vorgelegt.

Archiv Nr. 43 30 61/6

Druck: Walter de Gruyter & Co., Berlin W 30

INHALT

EINLEITUNG

Damit die Einheit der folgenden Untersuchung deutlich und die angewendete Methode begründet sei, mögen zuerst einige Begriffe, die wir zugrunde legen wollen, geklärt werden.

Aufgabe

Unter Aufgabe wollen wir die Aufgabe verstehen, vor die sich Kleist, als Dichter und Künstler, gestellt sah.

Man kann mehrere Gestaltbegriffe unterscheiden. Für den Künstler bedeutet Gestalt bzw. Form, daß eine Aufgabe angemessen gelöst wurde. Wir werden unserer Arbeit diesen Gestaltbegriff zugrunde legen[1]).

Wir werden Dichtwerke untersuchen. Dichtwerke sind von einem Dichter, der sich frei gegen sein Erleben und die Stoffe, die er gestaltet, verhalten kann, mit größerem oder geringerem handwerklichen Können gedichtet worden. Wir werden daher den Gedichten nicht wie Geschöpfen der Natur gegenüberstehen können — die Natur erreicht, wenn sie nicht gewaltsam gehindert wird, immer ihren Zweck und wendet dazu die entsprechenden Mittel an —, sondern wir werden in unser Fragen und unsere Betrachtungen die Möglichkeit, daß Kleist sein Ziel nicht erreicht oder falsche Mittel angewendet hat, einbeziehen müssen.

Daß es Dichter und Gedichte gibt, geht auf ein Bedürfnis der Menschen zurück, das von den Dichtern durch ihre Werke befriedigt wird. Dies Bedürfnis ist, wie gleich gezeigt werden soll, ewig, in der Natur des Menschen, insofern er Mensch ist, angelegt. Es erscheint aber in jeder Zeit, bei jedem Volk und, wie es in seinem Werk zu erkennen ist, fast bei jedem Dichter anders, immer neu, eine Folge der jeweiligen Situation, in der sich die Menschen finden.

Den Inhalt der Gedichte, die wir untersuchen werden, bilden Verhältnisse und Vorgänge zwischen Gestalten, die, insofern wir sie inhaltlich ansehen, sich nicht grundsätzlich unterscheiden von dem, was sich zwischen den wirklichen Menschen abspielt. Die Befriedigung, die der Dichter mit seinem Werk als Antwort auf das Bedürfnis der Menschen diesen gibt, muß demnach Wirkung der Form sein.

Jeder Mensch ist durch Beziehungen — biologische, wirtschaftliche, soziale, geistige, sittliche — mit anderen Menschen verbunden, diese haben wieder Beziehungen zu anderen, und so gleicht das Leben der

[1]) Über Form und Gestalt wird ausführlicher S. 7f gehandelt.

Menschheit einem unendlich bunt und feinmaschig gewebten Teppich. Dem Einzelnen können nur wenige dieser Beziehungen bewußt sein; selten wird einer Beziehungen eines anderen Menschen, die ihn nicht unmittelbar selbst betreffen, fühlen. Dieselben Dinge, Umstände, Begebenheiten haben für verschiedene Menschen fast immer eine verschiedene Bedeutung; oft leben auch nächste Angehörige, Eheleute, Eltern und Kinder, wie man sich ausdrückt, in verschiedenen Welten. Wer, unter den Menschen lebend, sie beobachtet, wird nie ein einheitliches Bild erhalten; er würde anders urteilen, wenn er auch die Umstände berücksichtigen könnte, die ihm, weil er kein Gott ist, unbekannt bleiben mußten. Er wird mit seinen Erkenntnisorganen, Sinnen, Gefühl, Verstand, nie mehr als einen kleinen Ausschnitt des Teppichs fassen, den er sich als seine Welt ordnet, und er wird sehen müssen, daß Beziehungen in seine Welt hineinragen, von denen er nicht weiß, woher sie kommen und was sie bedeuten, und daß Beziehungen aus seiner Welt hinausführen, von denen er nicht sagen könnte, wohin. Er wird, solange sein Erkenntnisvermögen nicht durch ein höheres Bewußtsein erweitert wird, weder zu einem in sich einheitlichen noch vollständigen Weltbild gelangen. Denn einerseits wird er immer Menschen finden, für die dieselben Dinge einen verschiedenen Wert haben, und andererseits werden ihm immer Beziehungen der Menschen, mit denen er verkehrt, unbekannt, fremd und unverständlich bleiben.

Mit einem Weltbild, wie wir es eben anzudeuten suchten, kann der Mensch nicht leben; er würde, ohne das Gefühl, daß ihn eine Ordnung umgibt, sein Leben als sinnlos empfinden, er würde verzweifeln. Wir wollen annehmen, daß die Welt, die wir einem unendlich feinen Geflecht von Beziehungen, einem Teppich, verglichen, und von der uns immer nur ein Ausschnitt als unsere Welt bewußt ist, außer uns ist; — wie das Verhältnis zur Welt wirklich ist, brauchen wir, weil wir nicht kritisch philosophieren, nicht zu untersuchen, denn wir verhalten uns so, als ob die Welt außer uns wäre. Dieser Welt, die wir als außer uns annehmen, steht etwas, das wir als in uns fühlen, gegenüber. Wir werden uns seiner auf mehrere Weise bewußt. Die höheren Formen dieses Bewußtwerdens sind Philosophie (und Wissenschaft), Kunst, Religion. Wir wollen nicht wertend vergleichen. Philosophie (und Wissenschaft), Kunst, Religion sind Vorgänge in unserem Gemüt: sie ordnen unsere Beziehung zu der Welt außer uns, damit für unser Bewußtsein auch diese, und ermöglichen uns dadurch zu leben. Diese Dinge sind kaum begrifflich darzustellen. Wir sagten, Kunst (auch Philosophie und Religion; aber da wir Dichtwerke untersuchen, können wir diese beiseite lassen) ist ein Vorgang im Gemüt des Menschen, der ihm das Leben möglich macht. Vielleicht können wir uns die Tätigkeiten des Dichters und des seine Werke in sich aufnehmenden Zuschauers, Hörers oder Lesers so vorstellen:

Der Dichter erlebt, wie jeder andere Mensch, die wirre Fülle der Dinge, der Menschen und der Beziehungen zwischen ihnen. Außerdem wirkt in ihm eine sittliche Kraft, die ihn zwingt, diese wirre Fülle zu ordnen. Der sittlichen Kraft im Dichter entspricht bei den anderen Menschen ein sittliches Bedürfnis: sie wollen zu Gott kommen; — wenn wir sagen, der Mensch fühle, denke, wolle sittlich, meinen wir, er versucht sein Leben so einzurichten, daß es Weg zu Gott ist. — Der Mensch lebt in der Welt, die als wirre Fülle an ihn herantritt, und er will zu Gott kommen. Im Dichter wirkt eine sittliche Kraft, die ihn veranlaßt, seine Werke zu dichten. Nun müssen wir denken, daß die Welt ja wohl nicht so verworren ist, wie sie uns erscheint, sondern daß die Verwirrung durch die Beschaffenheit unseres Erkenntnisvermögens bedingt ist; wenn wir in Gott wären, würden wir die Ordnung der Welt erkennen. Aber der Mensch, der in der Welt leben muß, ist nicht in Gott, sondern in der Welt, er ist hineingespannt in Beziehungen, die da sind, die er anerkennen muß, und die für ihn fürchterlich sind, weil er sie nicht versteht. Wir können uns den weiteren Zusammenhang etwa so vorzustellen versuchen: Der Dichter formt aus Dingen, Menschen, Beziehungen, die er aus der Welt herausnimmt, in der die Menschen leben müssen, Bilder, die der Ordnung, die in Gott ist, entsprechen. Indem diese Bilder dann in den Menschen fortleben, erscheint ihnen, da sie in der Seele die Ordnung haben, die eigentlich nur in Gott ist, auch die Welt, in der sie leben, nicht mehr verworren und fürchterlich, sondern geordnet, sinnhaltig, schön, sie wird ihnen zum Raum, in dem sie ihren Weg zu Gott gehen können[2]). — Man darf das hier Gesagte nicht als Darstellung der Vorgänge, wie sie sind, auffassen, aber es wird vielleicht klarer, worum es sich handelt.

Einiges ist jedoch nicht nur bildlich, sondern wörtlich gemeint. Das ist erstens, daß der Dichter tief in seiner Zeit und der Welt, in der er lebt, verwurzelt ist, hineingebunden in verschiedenste, oft sich widersprechende, das Dasein verneinende Beziehungen; er mag sie wahrer und tiefer fühlen als die anderen Menschen, weil das für seine Tätigkeit nötig ist. Das zweite ist die sittliche Kraft im Dichter und das sittliche Bedürfnis bei den Menschen. Das dritte ist, daß Dichtwerke, jedenfalls

---

[2]) Der griechische Dichter sagt, die Muse gebe ihm seine Gesänge. Andere wollen Bedingungen und Gesetze, das innere Leben der Natur, die ihnen, da sie Künstler sind, deutlicher sind als den übrigen Menschen, erfühlen und in ihrem Werk lebendig werden lassen. Der moderne Künstler sucht nach der im bloßen Stoff (Bronze, Farbe, Sprache) verborgenen notwendigen Form. Derselbe Vorgang wird auf geschichtlich wie geistig verschiedener Ebene verschieden dargestellt.

bedeutende, Bilder in der Seele zuerst des Dichters und, bei genügendem handwerklichen Können, dann des sie in sich aufnehmenden Menschen, aber nicht Nachahmung, Abbildung, Darstellung, nicht einmal die Gestaltung der Wirklichkeit, sind. Unter Wirklichkeit soll dabei das Leben in der Welt, die Beziehungen, in denen wir leben, verstanden werden, insofern es uns empirisch gegeben ist.

Der Dichter lebt, wie die anderen Menschen, sein Leben, das eingefügt ist in das Leben aller Menschen. Er unterliegt denselben Bedingungen wie sie, und er will, er erstrebt daher dasselbe wie sie. Insofern wir ihn als geschichtlich bedingte Persönlichkeit auffassen, ist seine Welt, das Leben, soweit es ihm bewußt ist, ebenso beschränkt, unvollkommen, ja, wir dürfen sagen, falsch, wie für die anderen Menschen. Aber insofern er Dichter ist, er, wie wir es uns vorzustellen suchten, aus Gott sieht, Gott in ihm wirkt, hat er eine Ordnung in sich, die wahr ist, — und die dann ihrerseits, wenn er sie als Gedicht aus sich herausstellt, auf das Leben wirkt, indem sie die Beziehungen des Lebens für das Bewußtsein ordnet.

Im Gedicht, wie wir es verstehen, begegnen sich das Leben der Menschen, das sind jeweils die Bedingungen, unter denen sie leben, aus denen die Aufgaben entspringen, vor die sie sich gestellt sehen und die sie durch ihr Leben lösen müssen, so daß es Weg zu Gott ist, und eine Ordnung, die wir als ewig und in Gott ruhend fühlen. Das Leben nennen wir Aufgabe, vor die sich der Dichter gestellt sah. Nach der Ordnung fragen wir, wenn wir Lösung, Form, Fügweise der Gedichte untersuchen. An ihr müssen wir noch zweierlei hervorheben. Sie geht den umgekehrten Weg wie die bewußte Bemühung des Dichters; während er nämlich an seinem Gedicht arbeitet, das heißt, nach der Lösung für die Aufgabe sucht, vor die er sich gestellt sieht, und zwar indem er als Handwerker die Gesetze seiner Kunst zu finden und zu erfüllen sucht, stellt sie sich ohne sein bewußtes Zutun, scheinbar von selbst, als Geschenk ein. Und zweitens, die Bemühung des Dichters um die Vollendung seines Gedichts, die wir eben eine handwerkliche nannten, wie sie sich äußerlich auch zu zeigen pflegt, ist zuletzt doch eine allgemeine Anstrengung des ganzen Menschen, das heißt, eine sittlich-religiöse.

Beziehungen

Dichtung hat Struktur, ein Gedicht ist Gedicht, insofern es Struktur hat. Das bedeutet, wir wollen ein Gedicht als Gefüge verstehen, das alles Notwendige und nichts Überflüssiges enthält und in dem die Teile derart zueinander geordnet sind, daß sie eine Einheit bilden; die Begriffe Struktur und Gefüge sollen für uns in sich fassen Vollständigkeit und Einheit. Der Leser wird die Bedeutung dieses Satzes, der unserer Untersuchung überhaupt zugrunde liegt, nach dem, was bisher gesagt wurde, verstehen. Der Satz bedarf einer ausführlichen, auf seine Anwendung zielenden Erläuterung.

Zunächst schließt der Satz in sich ein, daß wir in den Bereichen, die nicht Dichtung — oder Kunst — sind, das, was wir Struktur nennen, nicht finden, sondern daß diese die besondere Qualität der Dichtung — entsprechend natürlich aller Kunst — ausmacht. Das bedeutet, daß die Wirklichkeit, das ist das Leben in der Welt, wie es uns empirisch bewußt wird, nicht Struktur hat. Aber auch Wissenschaft, Philosophie und Religion haben in dem hier gemeinten Sinn nicht Struktur[3]).

Der Sinn des Satzes geht nach drei Richtungen:

Erstens auf die Verhältnisse des Seins. Damit ist gemeint, daß die Teile zum Ganzen im selben Verhältnis stehen (z. B. daß nicht eines als Seiendes erlebt, dagegen ein anderes gewünscht wird), daß die Gestalten in einer Welt leben (z. B. daß sie mit den gleichen Maßstäben zu messen sind und daß die Dinge für sie dieselbe Bedeutung haben), und daß die Teile so miteinander in Beziehung gesetzt werden, daß alles Notwendige und nichts, das überflüssig ist, gesagt wird, und daß alle Beziehungen in dem Ganzen aufgefangen und um eine, sagbare oder nicht sagbare, Mitte geordnet werden. Nach den Verhältnissen

[3]) Im Gedicht sehen wir beides, das Leben, wie es die Menschen leben, und die Ordnung aus Gott. — Über die Welt, ihr Sein, an sich und ob sie Struktur hat, können wir nichts wissen. Der einzige Weg vom Ich zum Du, die einzige Möglichkeit, das Sein des außer dem Ich Befindlichen, des Anderen, zu erfahren, ist die liebende Begegnung. Aber die Liebe ist ein Gefühl, und als solches vereinigt sie uns mit dem Du, der Gemeinschaft, dem Vaterland, der Schöpfung, in ihr erfahren wir das Andere als Realität: allein Struktur wird uns in der Liebe nicht gegeben. Die übrigen Weisen, sich der Welt bewußt zu werden, außer der Kunst, führen auch nicht zu einem Weltbild, in dem sowohl das Leben wirklich enthalten als auch Struktur ist. Die Wissenschaft ist abhängig von der Empirie, deswegen sind in ihr Einheit und Vollständigkeit in unserem Sinn nicht möglich. Die Philosophie kann sich zwar von der Empirie frei halten, indem sie die Erfahrung als, wenn auch notwendigen, bloßen Stoff behandelt, und insofern wären in ihr Vollständigkeit und Einheit; aber gerade indem sie von der Erfahrung absieht, indem sie das Verhältnis des denkenden Ich zur Welt bestimmt, verzichtet sie auf das als Realität erlebte Andere, von dessen Eigensein sie absieht: das Ding an sich wird unerkennbar, und Gott wird Postulat. Und die Religion ist eine bestimmte, unmittelbare und starke Beziehung des Menschen zu seinem Gott — wir wollen dies nicht auf die christliche Religion einschränken —, der Mensch befindet sich in einem Zustand, in dem ihm alle Wirrnisse des Lebens und dieser Welt unwichtig geworden sind; aber weil die Bewegungen der Seele, in denen sich dieser Zustand ausdrückt, wie Ehrfurcht, Dank, Bejahung ,Vertrauen, ganz jenseitig sind, kann aus ihm eine Ordnung dieser Welt, in der wir leben, nicht entspringen, — was offenbar auch sinnlos wäre, da es die Kämpfe der Welt und die Bemühung, den Sinn seines Lebens zu finden, für den Menschen, insofern er in der Religion frei geworden ist, nicht mehr gibt.

des Seins fragen wir, wenn wir die Gedichte als Form, vor allem auf ihren Bau hin, untersuchen[4]).

Der Satz geht zweitens auf die sittlichen Verhältnisse. — Sittliches Urteil ist in der Dichtung etwas anderes als im gewöhnlichen Leben. Im Leben machen wir Unterscheidungen wie gut und böse, rein und unrein, fromm und unfromm; je nach der sittlichen Höhe des Wertenden wird das Urteil mehr oder weniger mit seinem Tun übereinstimmen und aus seinem innersten Wesen hervorgehen oder von allgemein für richtig gehaltenen Vorstellungen, Dogmen, Gesetzen abhängen. Es ist inhaltlich bestimmt. Sittliches Urteil in der Dichtung ist dagegen im wesentlichen nicht inhaltlich bestimmt. Es kann die eben genannten Unterscheidungen in sich einschließen, aber es kann ebenso auch ganz unabhängig von ihnen bleiben. Sittliches Urteil in der Dichtung meint Beziehungen, also Formales. Man fragt: was ist miteinander verbunden? Ist diese Beziehung richtig? Dabei sind erstens Beziehungen zwischen den Gestalten gemeint: daß die Gestalten, die sittlich auf einer Ebene stehen, die zusammengehören, verbunden werden, und daß Gestalten, die sittlich auf verschiedenen Ebenen stehen, getrennt werden. Dabei ist zweitens die Beziehung zwischen der Gestalt und ihrem Schicksal gemeint: daß eine Gestalt und ihr Schicksal zu einander stimmen. Für den menschlichen Beobachter sind die Beziehungen im Leben meistens nicht richtig, weder zwischen den Menschen noch zwischen dem Menschen und seinem Schicksal. Der Beweis ist, daß es die menschlichen Gesetze und Gerichte gibt, die ja nichts anderes zu tun haben, als, so gut sie können, die Beziehungen zwischen den Menschen richtig zu machen (bürgerliches Recht), und, wenigstens in einem Fall, den Menschen und sein Schicksal einander anzupassen, indem sie den Verbrecher für seine Tat bestrafen (Strafrecht).

Der Satz geht drittens auf die Beziehung zwischen dem Dichtwerk und dem Zuschauer, Hörer oder Leser. — Der Dichter setzt Zeichen, gibt Anhaltspunkte; der Mensch, der das Gedicht in sich aufnimmt, bildet, je nach der Art dieser Zeichen und Anhaltspunkte, aus ihnen Bilder, Gestalten, Beziehungen. Der Dichter setzt die Bilder, Gestalten und Beziehungen, die der Zuschauer, Hörer oder Leser in sich

[4]) Schon hier ist zu sehen, daß wir die Dichtung nicht morphologisch, in der von Goethe abgeleiteten Bedeutung des Begriffs, untersuchen wollen, also nicht als Selbstverwirklichung einer lebendig-geistigen Realität, analog der Entwicklung eines organischen Lebewesens nach bestimmten Prinzipien des Sich-gestaltens, sondern als bewußt und handwerklich vom Dichter geschaffenes Werk, vornehmlich auf die Architektur desselben hin. Die morphologische Betrachtungsweise, die den Unterschied zwischen Natur und Kunst nicht genügend beachtet, wird als Ergänzung der hier angewendeten Methode und im übrigen zu anderen Zwecken immer wertvoll, ja, nötig sein.

gebildet hat, nun im Ganzen in Beziehung miteinander zum Gefüge seines Gedichts; das Gedicht existiert ebenso wenig an sich wie die Bilder und Gestalten: es ist ein Vorgang in der Seele des Menschen, der es in sich aufnimmt. Wir können das Gedicht und den es in sich aufnehmenden Menschen nicht voneinander trennen, sie bilden eine Einheit. Wenn wir von Struktur im Gedicht sprechen, ist das überhaupt nur möglich, wenn wir diese Einheit voraussetzen. — Wir können diese Einheit in zwei Richtungen untersuchen: Wir können fragen, wie sich das Gedicht als Objekt des Bewußtseins zum Menschen, der es in sich aufgenommen hat, verhält; das zu untersuchen, würde zu den Aufgaben der kritischen Philosophie gehören. Oder wir können fragen, wie der aufnehmende Mensch in das Gedicht einbezogen wird, nach seiner Mitwirkung, nach dem, wie in seinem Gemüt durch die einzelnen Anhaltspunkte ein Ganzes wird; hiernach fragt der bewußt arbeitende Dichter, der handwerklich-technische Untersuchungen macht, um sich über die Gesetze seiner Kunst klar zu werden. Auch wir, wenn wir Kleists Dramen und Novellen als Gefüge verstehen wollen, werden so fragen müssen.

Endlich schließt der Satz in sich ein, daß ein Gedicht eine Einheit ist. Wir müssen die Einheit deswegen besonders hervorheben, weil sich aus ihr, nach unserer Unterscheidung der Beziehungen, die auf das Sein, die sittlichen Verhältnisse und das Verhältnis des Gedichts zum aufnehmenden Menschen gehen, durch die die Einheit ja prinzipiell in Frage gestellt sein könnte, wichtige Konsequenzen ergeben. Denn der Satz besagt nichts anderes, als daß, weil das Gedicht eine Einheit ist, in diesem die Verhältnisse des Seins — Einheit und Vollständigkeit — und die sittliche Ordnung zusammenfallen, so daß also auch die sittliche Ordnung falsch ist, wenn die Einheit des Seins nicht geleistet ist, und daß diese doppelt erscheinende Ordnung im Grunde als seelischer Zustand im Zuschauer, Hörer oder Leser aufgefaßt werden muß.

Wir unterscheiden Beziehungen und Bezüge. Wir sahen, die Aufgabe, vor die sich der Dichter gestellt sieht, ist das Leben, das er und die Menschen, für die er dichtet, leben müssen. Er löst diese Aufgabe, indem er Gefüge schafft, in denen die Teile eine Ordnung bilden, die singgebend in das Leben, das uns empirisch nur als verwirrende Fülle gegeben ist, hineinzuwirken vermag. Seine Gedichte, die diese Ordnung ausdrücken, entstehen dadurch, daß er die Teile, die er aus dem Leben nimmt, das er und die Menschen leben müssen, in Beziehung setzt. Insofern wir die so entstehenden Beziehungen inhaltlich als Beziehungen zwischen aufeinander Bezogenem ansehen und fragen, was aufeinander und ob es aufeinander bezogen ist, werden wir von Beziehungen sprechen. Insofern wir aber die Beziehungen formal ansehen und fragen, wie das aufeinander Bezogene aufeinander bezogen ist, worin die Einheit des aufeinander Bezogenen besteht, wie diese Einheit zustande kommt und wie sie gebildet ist, werden wir von Bezügen sprechen. Die Begriffe Beziehung und Bezug meinen dem Gegenstande nach dasselbe, aber der Blickwinkel, unter dem wir denselben sehen wollen, wird wechseln. So werden wir Beziehung sagen, wenn wir ausdrücken wollen, daß Penthesilea und Achill aufeinander bezogen sind. Wir werden aber Bezug sagen, wenn wir die Beziehung zwischen ihnen auf das eigentümliche Wie der Bildung, wenn wir die Fügweise Kleists untersuchen.

Inhalt, Form

Wir werden diese Begriffe auch in einem allgemein gebräuchlichen Sinn anwenden, vor allem adjektivisch: inhaltlich, formal, als Inhalt verstanden, im Hinblick auf die Form und ähnlich. Aber daneben werden wir Form und Gestalt (siehe S. 1) noch einen spezielleren Sinn geben, insofern nämlich, als Form auch einen Anspruch erhebt: sie muß geleistet werden.

Im allgemein gebräuchlichen Sinn meint Inhalt das Was und Form das Wie. Der Gegenstand, der einmal als Inhalt, einmal als Form angesehen wird, ist derselbe; wir unterscheiden bloß in unserem Denken, was wir im Gedicht selber als eines finden.

Unter Inhalt verstehen wir dann erstens, da wir Gedichte als Gefüge von aufeinander Bezogenem und aus Beziehungen ansehen, das, was aufeinander bezogen wird, die Teile, die Gestalten, Gestalt und Schicksal; zweitens was die Gestalten fühlen, denken, wollen, tun, was sie und wie sie sind; drittens was uns als Fühlen, Denken, Wollen, Wünschen, kurz als Erleben, des Dichters aus seiner Dichtung unmittelbar entgegentritt. Unter Form verstehen wir, erstens wie die Beziehungen zwischen den Teilen gebildet werden (die Bezüge); zweitens das Verhältnis zueinander des aufeinander Bezogenen, wozu die Bewertung dessen, was die Gestalten fühlen, denken, wollen, tun, und ihre funktionelle Bedeutung innerhalb des Gedichts gehören; drittens das Erleben und Wollen des Dichters, insofern es als Struktur gefühlt wird bzw. erkennbar ist[5]).

Form im engeren Sinn meint das Gedicht, das wir in der eben bestimmten Weise formal ansehen, insofern es der Ordnung entspricht, die wir als ewig und in Gott ruhend empfinden. Form ist also nicht irgendeine Gestalt, die einem Inhalt gegeben sein kann, sondern eine

[5]) So verstehen wir als Form, daß Gustav und Toni, Ruprecht und Eve, Penthesilea und Achill aufeinander bezogen sind, aber als Inhalt, daß die Beziehung zwischen ihnen Liebe und Irrtum, Mißverstehen und Mißtrauen ist. Als Form, daß Alkmene und Jupiter sittlich auf verschiedenen Ebenen stehen, aber als Inhalt, auf welcher Ebene jeder von ihnen für sich steht.

ganz bestimmte, von der wir oben sagten, daß in ihr eine Aufgabe die angemessene Lösung gefunden hat. Sie besitzt daher Gültigkeit für alle Menschen und alle Zeiten und löst sich von der geschichtlich bedingten, im Sinn des Künstlers zufälligen, Individualität des Dichters. Wie die zu lösende Aufgabe muß auch die Form vom Dichter erlebt werden. Er empfindet sie als ein Geschenk Gottes, als Gnade. Wir werden im folgenden, wenn wir Form sagen, das Gedicht meinen, wie es sich formal darstellt, den Begriff also in dem allgemeinen Sinn gebrauchen, es zugleich aber auch immer als angestrebte und erreichte oder verfehlte Lösung einer Aufgabe ansehen, also außer dem allgemeinen auch immer den engeren Sinn des Begriffs im Auge haben.

Unter Gestaltung dagegen werden wir die erscheinende, sinnliche Ausformung der Gestalten und überhaupt des Gebildeten verstehen. Sie ist nicht der Gegenstand unserer Untersuchung, die nach dem, was wie aufeinander bezogen wird, nach der Fügweise fragt. Die Gestaltung oder besser Ausgestaltung ist weniger Form als Inhalt, denn wir fragen zwar, wie das einzelne gebildet wird, aber die Antwort auf diese Frage ist meistens inhaltlich: z. B. der Grund für die Verurteilung des Prinzen von Homburg, der als bloße Begründung zur Form gehört, erscheint gestaltet, nämlich als Ungehorsam in der Schlacht, inhaltlich, oder die Gestaltung einer Gestalt besteht darin, ihr Fühlen, Denken, Wollen, Tun darzustellen, das, für sich genommen, doch wieder Inhalt ist. Wir werden unterscheiden zwischen dem Bau an sich und der Gestaltung des Baus; da stelle man sich unter Bau die Proportionen, gleichsam das Knochengerüst, unter Gestaltung des Baus gleichsam das Fleisch um die Knochen vor. Dennoch möge man dieser Begriffsbestimmung keinen eigenen Wert beimessen, da sie lediglich andeuten soll, was unter Form bzw. Gestalt nicht zu verstehen ist.

Anliegen und Methode

Die wissenschaftliche Forschung, soweit sie sich mit Dichtung befaßt, hat sich im letzten halben Jahrhundert sehr gewandelt. Die Absicht der, ich möchte sagen, älteren Forscher war eigentlich historisch: man wollte, oft ohne tiefere persönliche Beziehung des Forschers zum untersuchten Gedicht, Dichter und Dichtwerke als Glieder einer schon mehr oder weniger erkundeten Entwicklung erkennen und einordnen; das Wollen war der Art nach museal, und das Lebensgefühl, das sich hinter diesem Wollen verbarg, war der Wunsch einer späten Generation, sich als Ende und Gipfel einer langen Entwicklung ansehen zu dürfen. Die größten Verdienste dieser Forscher bestehen naturgemäß im Auffinden und Wiederherstellen verlorener und verstümmelter Werke; dagegen müssen ihre Deutungen enttäuschen, weil sie ohne persönliches

Bedürfnis, im Gefühl der Sicherheit ihrer Existenz, an die Gedichte herangingen, die sich ihnen natürlich nur schwer erschlossen, da sie nicht für Menschen, die haben, sondern die suchen, bestimmt sind. Im Gegensatz zur Absicht dieser älteren geht die Absicht der jüngeren Forscher auf das Leben, das ihnen wieder Rätsel und Aufgabe wurde, und so ist auch das Ziel der neueren Kleistforschung, so widerspruchsvoll diese erscheinen mag, durchaus auf die Gegenwart gerichtet. Auch Fricke, der so betont, daß seine Methode philologisch-geschichtlich sei (S. 3ff. a. a. O.), und die ihm folgenden Arbeiten verfolgen zuletzt kein historisches Ziel, sondern sie suchen nach der Bedeutung der Dichtwerke für ihr eigenes Leben. Darum brauchen ihre Arbeiten nicht weniger wissenschaftlich zu sein als die der früheren Generationen; denn wenn auch die Arbeit des Forschers zuletzt dem Leben dienen, ihn selbst und andere Menschen im Leben fördern, ihnen helfen soll, so muß man doch zwischen Schriften, deren Verfasser ihre Erlebnisse und Wünsche in die Dichtung hineinlegen, und wissenschaftlichen Untersuchungen, in denen Gedichte auf das, was sie geben, befragt werden, unterscheiden. Der wissenschaftliche Forscher ist wieder Publikum — Zuschauer, Hörer und Leser — geworden, er will, allerdings mit wissenschaftlicher Bewußtheit und Objektivität, empfangen, man könnte es, mit dem Wort spielend, fast so sagen: er will die Quellen aufsuchen, von denen er sich aber nicht bloß philologische Gewißheit über die Gegenstände seiner Wissenschaft, sondern auch und noch mehr die Begegnung mit einem Lebendig-geistigen erhofft, das ihm im Leben Kraft und Hilfe zu spenden vermag.

Die Kleistforschung hat zu sich ganz ungewöhnlich widersprechenden Ergebnissen geführt. Das ist einerseits aus dem Wesen der neueren Literaturbetrachtung zu erklären, andrerseits gibt es aber auch Ursachen, die in Kleists Werk selber liegen. Goethe schreibt am 26. Dezember 1795 an Schiller: „Daß man uns in unsern Arbeiten verwechselt, ist mir sehr angenehm; es zeigt, daß wir immer mehr die Manier loswerden und ins allgemeine Gute übergehen." Goethe meint also, daß in seinen und Schillers Gedichten an die Stelle des Individuell-zufälligen das in der Sache liegende Notwendige tritt, für das es unwichtig ist, wer es sagt. Der Satz drückt reines künstlerisches Wollen aus: der Dichter, als Künstler, ist darauf bedacht, über seinem Werk sich selbst möglichst vergessen zu machen. Nun kommt man nur bei wenigen von Kleists Werken zu einem einheitlichen Fühlen und Wollen, die meisten wirken auf das Gefühl zwiespältig und man muß sie sich verstandesmäßig klar machen. Man vergißt Kleist über seinem Gedicht nur selten, er bringt sich selbst immer wieder in Erinnerung, sei es durch die glückliche Verbindung der Marquise mit dem Grafen oder durch das tragische

Gefühl Alkmenes oder durch Achills Jammer über die verstümmelte Brust der Amazonen und Penthesileas Kuß, mit dem sie sich dem toten Achill vermählt, oder durch was immer, das sich nicht in die Ökonomie des Gedichts einfügt. Kleist geht nie ganz „ins allgemeine Gute über". So wird die Bedeutung seiner Dichtung, und daß sie uns brennend angeht, bedrängend nah und stark gespürt. Aber das Gefühl, das sich soeben dem inneren Leben des Gedichts, in dem es sich erkannte, geöffnet hatte, verschließt sich wieder, wie in Notwehr gegen den Weg, den es dann einschlagen soll.

Die Untersuchung der Dichtung Kleists zeigte zunächst, daß ihr Besonderes, insofern sie für alle späteren Menschen Bedeutung haben kann, weder im Inhalt noch in der Lösung als solcher liegt. Denn diese, insofern sie jenes sittliche Bedürfnis, von dem oben gesprochen wurde, befriedigt, und jener, insofern er dem Erleben aller Menschen entspricht, sind in einigen seiner wichtigsten und als typisch kleistisch empfundenen Werke nicht neu und einzig; wo sie aber neu und einzig sind, bleiben sie in dem, was Goethe Manier nennt, hängen. Da hier nun nicht nach dem zugrunde liegenden Lebensgefühl[6]) des Dichters, das außer in seinen Werken auch in Briefen, Handlungen und sonstigen Äußerungen angetroffen wird, sondern nach dem Besonderen in seinen Gedichten, insofern sie für alle Menschen und Zeiten Bedeutung haben, gefragt werden soll, blieb nur übrig, da auch die Lösungen als solche ausfallen, die eigentümliche Bildung der Beziehungen, die seine Gedichte ausmachen, die Fügweise zu untersuchen. Das Ziel dieser Arbeit ist demnach, Kleists Gedichte zu verstehen, indem wir untersuchen, welcher Art die Gefüge, als die wir Dichtungen auffassen, sind, und wie sie gefügt werden, das heißt, welche Teile wie aufeinander bezogen werden.

Allein eine bloß formale Untersuchung der Fügweise läßt sich kaum durchführen; wir müssen zugleich auch das, was in Beziehung gesetzt wird, in die Betrachtung hineinnehmen. Am ehesten noch kann man den Blick bei der Betrachtung der kleinsten gefügten Gebilde, der Sätze der Prosa, auf die Weise zu fügen beschränken. Wir stellen deswegen ein Kapitel über die Prosasätze und -absätze an den Anfang. Im übrigen aber müssen wir außer nach der Fügweise selber immer auch nach dem, was aufeinander bezogen wird, und nach der Art der Gefüge (etwa daß Kleists Gedichte tragische Gedichte sind) fragen.

Die Art unserer Untersuchungen macht es nötig, dauernd Blickrichtung und Blickpunkt zu wechseln. Wir werden, immer in dem Bewußtsein, auf denselben Gegenstand, die Beziehungen, die das Gedicht ausmachen, zu blicken, diese einmal als Beziehungen, die auf das

[6]) „. . . eine entscheidende, alle Äußerungen seines Geistes durchdringende Eigentümlichkeit des Erlebens" (Fricke S. 6 a. a. O.).

Sein gehen, dann als sittliche, dann als solche zwischen dem Gedicht und dem Zuschauer, Hörer oder Leser ansehen. Um bei dieser Methode die Übersicht nicht zu verlieren, werden wir gewöhnlich zuerst nach dem Bau fragen, um Aufgabe und Lösung zu erkennen und um bestimmen zu können, welche Teile aufeinander bezogen sind. Danach werden wir fragen, wie Kleist die Situation, in die er seine Gestalten stellt, begründet, um uns dann von der Frage nach der Begründung hinüberleiten zu lassen zu unserer eigentlichen Frage nach der Fügweise.

Wir müssen noch andeuten, was wir unter dem Begriff Begründung verstehen. Aus der Aufgabe (dem Erleben und Leben des Dichters) ergibt sich etwas, das, verschieden gestaltet, im Grunde, in seiner technischen Bedeutung für das Gedicht, doch immer gleich ist: man kann es Schicksal nennen oder Situation, in der die Gestalten stehen: z. B. daß Penthesilea Achill töten muß, oder daß die Beziehung zwischen Ruprecht und Eve bedroht ist. Diese Situation muß nun, damit auch die Lösung notwendig sei, vom Dichter begründet werden. Aus der Art der Begründung wird sich dann die Art — die Art, nicht die Lösung selber — der Lösung ergeben. Durch die Art zu begründen, mit der die Weise zu fügen innig zusammenhängt, unterscheiden sich Dichter und Epochen der Dichtung; während der Stoff und die Lösungen immer wiederkehren.

Dem Kapitel über Satz und Absatz in der Prosa lassen wir die Interpretation von „Penthesilea" und „Der Zweikampf" mit der Untersuchung der Beziehungen zwischen den Gestalten folgen. In diesem Abschnitt soll versucht werden, die beiden Gedichte als Gefüge aus Beziehungen zwischen Gestalten zu verstehen, wobei die Beziehungen, je nach der Blickrichtung, verschieden erscheinen. In den Interpretationen des zweiten Teils mag dann teils die Untersuchung der Fügweise zum Verständnis der Gedichte beitragen, teils durch die Interpretation die Fügweise und ihre Bedeutung weiter erhellt werden, vor allem aber versucht werden, die Identität der geistig-sittlichen Leistung eines Dichters und der künstlerisch-formalen Leistung, der Form, die er geschaffen hat, deutlich zu machen.

Begriffe, die wir gebrauchen oder einführen, sollen nur einer schnelleren Verständigung dienen, wir betrachten sie als Mittel, nie als Zweck. Wir bemühen uns um Klarheit, wissen aber, daß ein Begriff in verschiedenen Verbindungen nicht ganz dieselbe Bedeutung haben kann, und werden deswegen oft, in einer kurzen Beifügung, einen Hinweis auf die jeweilige Bedeutung geben.

Die wichtigste wissenschaftliche Literatur zu unserem Thema werden wir im Anhang zusammenfassend nennen und, wie es sich aus unserer Arbeit ergibt, zu ihr Stellung nehmen.

ERSTER TEIL

I. Kapitel

SATZ UND ABSATZ[1])

Ein Satz ist eine Einheit. Oder besser: etwas, das in sich und eigentlich eine Einheit ist, erhält eine mehr oder weniger differenzierte Gestalt durch das Zusammenfügen von Worten, Satzgliedern und mehreren Sätzen zu einem geformten Gebilde.

Allereinfachste Sätze sind solche, in denen bloß eine Substanz oder ein Geschehen ausgesagt ist, etwa: ein Licht leuchtet; oder: es regnet. Im ersten Fall ist da nichts als ein Licht, zu dessen Wesen es eben gehört, daß es leuchtet; im zweiten geschieht etwas, das für unser Gefühl so substanzlos ist, daß wir zu diesem Geschehen nicht einmal ein Subjekt anzugeben vermöchten — denn „es" ist bloß ein grammatisch-formales Subjekt, kein sachliches. Dennoch sind beide vollständige Sätze.

Schon etwas komplizierter ist etwa dieser Satz: das Kind schreit. Auch in diesem Satz wird nur eines ausgesagt: daß da ein Kind ist, das schreit. Wir haben nur eines, nicht zweierlei, das Kind und schreien. Daß dieses Kind auch anderes tun könnte, spielen und essen und schlafen, und daß ja nicht nur das Kind, sondern auch ein anderer schreien könnte, ist in dem Satz unmittelbar nicht mit enthalten; das sind gedankliche Reflexionen, die weit über den Satz hinausreichen. Nur scheinbar werden die Vorstellungen Kind und schreien zusammengesetzt, gleichsam addiert, wodurch eine zusammengesetzte Vorstellung, gleichsam eine Summe, entsteht. In Wirklichkeit haben wir, in der Anschauung, eine Vorstellung, die nur durch die Tätigkeiten des Verstandes, Gedächtnis und Reflexion, nachträglich differenziert und in mehrere Glieder und Funktionen auseinandergelegt wird. So erscheint der Satz dem Verstand als aus Teilen zusammengesetzt; in Wahrheit

---

[1]) Wir wollen in diesem Kapitel unter nur einem Gesichtspunkt Sätze und Absätze der Prosa Kleists betrachten: wie werden die Teile zur Einheit gefügt und worin besteht diese? Über den kleistischen Satz haben am fruchtbarsten Emil Staiger und Karl Otto Conrady gearbeitet. Ihre Ergebnisse (siehe unsern Anhang) nützen uns aber wegen unserer ganz anderen Absicht wenig, und so dürfen wir unsere Untersuchung unabhängig von ihnen vorantreiben, um dann erst unsere mit ihren Ergebnissen zu vergleichen. — Prinzipielle Erörterungen wie die folgenden über die Einheit sollen auch Gültigkeit im weiteren Gang der Arbeit haben, wo in anderen Zusammenhängen als den hier unmittelbar gemeinten davon gesprochen wird. In verschiedenen Zusammenhängen gemachte Beobachtungen werden wir dagegen, auch wenn die Entsprechung auf der Hand liegt, nur sehr vorsichtig in Beziehung setzen.

ist er nur eines, das aber in sich gegliedert ist. — So könnten wir fortfahren, immer kompliziertere Sätze als in sich mannigfaltige Einheiten zu beschreiben.

Ein Satz ist ein Gefüge und als solches eine Einheit. Aber er besteht auch aus mehreren Gliedern, von denen jedes sein eigenes Wesen hat, und die man außer in diesem Satz in unzähligen anderen und auch einzeln, isoliert, antrifft. Insofern ist der Satz eine Aufgabe, nämlich für so viele und so verschiedene Glieder eine übergeordnete Ordnung zu schaffen, von der jedes Glied seinem Wesen gemäß ein Teil sein kann, und die in sich doch wieder kein Zusammengesetztes ist.

Von den Versuchen, diese Aufgabe zu lösen, interessieren uns hier nur die dichterischen. Wir sahen schon, die Aufgabe des Dichters ist es, Beziehungen herzustellen. Wir können das anders ausdrücken: Einheiten zu schaffen. Der Prosasatz und die Verbindung mehrerer Sätze zu einem Abschnitt sind solche Einheiten.

Die Aufgabe ist schöpferisch, und man kann zum Vergleich nur die lebendigen Wesen der Schöpfung heranziehen. Eine Pflanze, ein Tier oder ein Mensch ist auch nicht ein Zusammengesetztes aus einer großen Anzahl Zellen, die ihrerseits wieder Organe und Gliedmaßen bilden. Vielmehr, wie jedes lebendige Wesen eine Einheit ist, diese Pflanze oder dieses Tier oder dieser Mensch, und mit einem Schlage ganz da, mit der Geburt, oder ganz entschwunden, mit dem Tod, ist, so ist auch die vom Dichter geschaffene Einheit entweder ganz und als ein Ganzes oder gar nicht da. Sie ist ein Erlebnis des Dichters, vor dessen innerem Auge sich plötzlich, oft nach langem Kämpfen und mühevoller Arbeit, das, was vorher unvereinbar, chaotisch und fürchterlich schien, zu einer wunderbaren, sich selbst tragenden Ordnung zusammenfügte. Ähnlich dem Kind im Leib der Mutter entstand auf unbegreifliche Weise im Gemüt des Dichters ein neues Wesen, die Einheit, im großen das ganze Gedicht, im kleinen der einzelne Vers oder Satz.

Die Dichtung, soweit wir sie mit den Sinnen oder dem Verstand aufnehmen können, bietet uns nichts als die Glieder, die einzelnen Bausteine; die Einheit selber müssen wir hinter der Dichtung fühlen. Doch wir können, damit wir mit dem Gefühl nicht gar so im Dunkeln tappen, versuchen, Schwerpunkte und Beziehungen aufzufinden, welche die Ordnung, in der die Einheit sich äußert, wie Pfeiler und Streben eine Brücke tragen.

Wir fragen also: was aufeinander bezogen ist, welche Glieder jeweils die Einheit bilden; und wie sie aufeinander bezogen, wie, worin, wodurch sie eins sind. Wenn wir die Beziehungen im Satz untersuchen, demnach: was fügt Kleist zu Sätzen zusammen? und worin besteht die Einheit der Sätze?

Die „Heilige Cäcilie" beginnt so (wir nummerieren die Sätze und bezeichnen schon zitierte Sätze nur mit der betreffenden Ziffer):

„Um das Ende des sechzehnten Jahrhunderts, als die Bilderstürmerei in den Niederlanden wütete, trafen drei Brüder, junge in Wittenberg studierende Leute, mit einem vierten, der in Antwerpen als Prädikant angestellt war, in der Stadt Aachen zusammen. Sie wollten daselbst eine Erbschaft erheben, die ihnen von seiten eines alten, ihnen allen unbekannten Oheims zugefallen war, und kehrten, weil niemand in dem Ort war, an den sie sich hätten wenden können, in einem Gasthof ein." (Satz 1 und 2, VI. S. 1; wir zitieren nach Erich Schmidt, 2. Aufl., Leipzig 1936—1938)

Die beiden Sätze sind sehr ähnlich und bilden auch zusammen eine Einheit. Gegeben wird: vier Brüder treffen zusammen und kehren in einem Gasthof ein. Mitgenannt werden Zeitpunkt, Ort und Zweck des Zusammentreffens und der Grund, weswegen sie im Gasthaus übernachten. Die genauen Angaben fallen nicht weiter auf, denn sie gehören zum Stil der Novelle als Dichtform, und der Hauptsatz zeigt in beiden Sätzen einen so einfachen Vorgang, daß darin kaum viel gesucht werden darf. Aber bedeutsam ist die Anordnung. Es werden nicht die vier jungen Leute geschildert und dann gesagt, was sie tun, sondern die Schilderung der Brüder, wie auch alle anderen näheren Angaben, wird als Relativsatz oder Apposition an die Nennung der Personen oder der entsprechenden Dinge, Umstände usw. angehängt. In der Hauptsache aber nimmt der Leser an einer Bewegung teil, die geradlinig fortschreitet von einem bestimmten Anfang zu einem bestimmten Ende. Was sich da bewegt, können wir schlecht sagen. Jedenfalls nicht das Subjekt des Satzes, die vier Brüder, denn die sind selbst mit in die Bewegung hineingenommen. Wir können nur einzelne Punkte der Bewegung angeben: das Ende des sechzehnten Jahrhunderts, zusammentreffen, drei Brüder, der vierte Bruder, die Stadt Aachen, ihre Absicht die Erbschaft zu erheben, der Gasthof. In dieser Reihenfolge fügt sich eins zum andern, nimmt der Leser eins nach dem andern in sich auf. Im Grunde sind das sechs Angaben, von denen jede für sich eine in sich gerundete Vorstellung ausdrücken könnte: die Zeit der Bilderstürmerei, die aus Wittenberg kommenden Studenten, der Prädikant in Antwerpen, ihr Zusammentreffen in Aachen, ihre Absicht, die Einkehr im Gasthof. Aber gerade das wird vermieden. Nicht Vorstellungen folgen einander, auf denen der Blick verweilt, sondern, kaum ist eins wahrgenommen, so gehts schon zum folgenden, schnell ein Blick darauf, und weiter zum nächsten, das wird kurz angeleuchtet, und wieder weiter.

Wir stehen hier vor einer typischen Form kleistischer Sätze. Der Leser wird in einen, von Appositionen und anderen Beifügungen unterbrochenen, Strom aufeinander folgender Nennungen hineingerissen, der ihn, ohne daß er zu einer deutlichen Vorstellung und Scheidung von

Subjekt und Prädikat, von Substanz und Aussage, die zu dieser gemacht wird, gelangte, zu einem bestimmten, vom Dichter gesetzten Ziel mit sich fortreißt. Besonders oft verwendet Kleist derartige Sätze in den späteren Novellen. Im „Erdbeben in Chili" heißt der erste Satz:

„In St. Jago, der Hauptstadt des Königreichs Chili, stand gerade in dem Augenblicke der großen Erderschütterung vom Jahre 1647, bei welcher viele tausend Menschen ihren Untergang fanden, ein junger, auf ein Verbrechen angeklagter Spanier, namens Jeronimo Rugera, an einem Pfeiler des Gefängnisses, in welches man ihn eingesperrt hatte, und wollte sich erhenken." (VI)

Im „Bettelweib von Locarno":

„Am Fuße der Alpen, bei Locarno im oberen Italien, befand sich ein altes, einem Marchese gehöriges Schloß, das man jetzt, wenn man vom St. Gotthard kommt, in Schutt und Trümmern liegen sieht: ein Schloß mit hohen und weitläufigen Zimmern, in deren einem einst auf Stroh das man ihr unterschüttete, eine alte, kranke Frau, die sich bettelnd vor der Tür eingefunden hatte, von der Hausfrau aus Mitleiden gebettet worden war." (VI)

Im „Zweikampf":

„Herzog Wilhelm von Breysach, der seit seiner heimlichen Verbindung mit einer Gräfin namens Katharina von Heersbruck, aus dem Hause Alt-Hüningen, die unter seinem Range zu sein schien, mit seinem Halbbruder, dem Grafen Jakob dem Rotbart, in Feindschaft lebte, kam gegen das Ende des vierzehnten Jahrhunderts, da die Nacht des heiligen Remigius zu dämmern begann, von einer in Worms mit dem deutschen Kaiser abgehaltenen Zusammenkunft zurück, worin er sich von diesem Herrn, in Ermangelung ehelicher Kinder, die ihm gestorben waren, die Legitimation eines mit seiner Gemahlin vor der Ehe erzeugten natürlichen Sohnes, des Grafen Philipp von Hüningen, ausgewirkt hatte. Freudiger als während des ganzen Laufs seiner Regierung in die Zukunft blickend, hatte er schon den Park, der hinter seinem Schlosse lag, erreicht, als plötzlich ein Pfeilschuß aus dem Dunkel der Gebüsche hervorbrach und ihm dicht unter dem Brustknochen den Leib durchbohrte." (VI)

Hier ist noch deutlicher zu sehen, daß nicht eigentlich etwas geschildert wird, der Augenblick vor dem Erdbeben, das Schloß bei Locarno, die Heimkehr des Grafen, sondern daß der Leser an einer Bewegung teilnimmt.

Gegen die Sätze Kleists halte man einige Sätze aus einer Novelle Goethes. Wir wollen als Beispiel die im zehnten Kapitel der „Wahlverwandtschaften" stehende kleine Novelle „Die wunderlichen Nachbarskinder" nehmen.

„Zwei Nachbarskinder von bedeutenden Häusern, Knabe und Mädchen, in verhältnismäßigem Alter um dereinst Gatten zu werden, ließ man in dieser angenehmen Aussicht miteinander aufwachsen, und die beiderseitigen Eltern freuten sich einer künftigen Verbindung." (1. Satz, W. A. I, 20, S. 323)

Da wird ein Zustand dargestellt. Am sichtbarsten macht das die Verwendung des „und". Während man bei Kleist („. . . und kehrten..." S. 2) fortschreitet, stehen im goetheschen Satz die verbundenen Teile genau nebeneinander, als verschiedene Ansichten derselben Sache, einmal von den Kindern, einmal von den Eltern her. Wir haben ein abgerundetes Bild vor uns. Der zweite Satz heißt:

> „Doch man bemerkte gar bald, daß die Absicht zu mißlingen schien, indem sich zwischen den beiden trefflichen Naturen ein sonderbarer Widerwille hervortat."

Der dritte:

> „Vielleicht waren sie einander zu ähnlich."

Jeder Satz ruht als ein abgeschlossenes Ganzes in sich. Jeder Satz ist wie ein Blick auf etwas, das ist. — Wir wollen noch zwei reich gegliederte Sätze Goethes anführen, um gerade an ihnen, die, besonders der zweite, den Sätzen Kleists scheinbar ähnlich sind, den wichtigen Unterschied aufzuzeigen:

> „Je mehr die schöne Braut solche Gesinnungen bei sich ganz heimlich nährte, je weniger nur irgend jemand dasjenige auszusprechen im Fall war, was zugunsten des Bräutigams gelten konnte, was Verhältnisse, was Pflicht anzuraten und zu gebieten, ja was eine unabänderliche Notwendigkeit unwiderruflich zu fordern schien; desto mehr begünstigte das schöne Herz seine Einseitigkeit, und indem sie von der einen Seite durch Welt und Familie, Bräutigam und eigene Zusage unauflöslich gebunden war, von der andern der emporstrebende Jüngling gar kein Geheimnis von seinen Gesinnungen, Planen und Aussichten machte, sich nur als ein treuer und nicht einmal zärtlicher Bruder gegen sie bewies, und nun gar von seiner unmittelbaren Abreise die Rede war, so schien es, als ob ihr früher kindischer Geist mit allen seinen Tücken und Gewaltsamkeiten wieder erwachte, und sich nun auf einer höheren Lebensstufe mit Unwillen rüstete, bedeutender und verderblicher zu wirken. Sie beschloß zu sterben . . . . ."
>
> (im 13. Absatz, W. A. I, 20, S. 328f)

Das Gerüst des Satzes ist: „je mehr . . ., desto mehr . . . , und indem sie von der einen Seite . . ., von der andern der emporstrebende Jüngling . . ., so schien es, als ob ihr kindischer Geist wieder erwachte . . . und . . . sich rüstete, . . . zu wirken." Der Satz besteht aus zwei Teilen, von „je mehr" bis „seine Einseitigkeit" und von „und indem" bis zu seinem Ende. Diese beiden Teile stehen nebeneinander: zunächst der Zustand, in dem sich das Mädchen befindet, dieser wieder parallel gegliedert durch „je, desto"; dann, allerdings gesteigert (vgl. Goethes Morphologie), derselbe Zustand abermals, in sich wieder parallel geteilt durch „von der einen Seite, von der andern Seite". Vom Anfang zum Ende des Satzes ist keine lineare Bewegung, kein Fortschreiten im Gemüt des Lesers. Das Ziel dieses Zustands, auf das hin eine Bewegung, wenn sie da wäre, stattfinden müßte, bildet den Anfang des nächsten Satzes: „Sie beschloß zu sterben . . .", in welchem dann wieder, ebenfalls in sich ruhend, dieser Entschluß mit Ursache und Zweck auseinandergefaltet wird. — Ebenso aufschlußreich ist der folgende Satz aus der „Novelle":

„Nachdem sie (die Fürstin und der Oheim) sich an dem Anblick ersättigt, oder vielmehr, wie es uns bei dem Umblick auf so hoher Stelle zu geschehen pflegt, erst recht verlangend geworden nach einer weiteren, weniger begrenzten Aussicht, ritten sie eine steinige breite Fläche hinan, wo ihnen die mächtige Ruine als ein grüngekrönter Gipfel entgegen stand, wenige alte Bäume tief unten um seinen Fuß; sie ritten hindurch, und so fanden sie sich gerade vor der steilsten unzugänglichsten Seite." (im 25. Absatz. W. A. I, Bd. 18, S. 327)

In diesem Satz wird nun tatsächlich eine Bewegung dargestellt, nämlich der Ritt gegen die auf einem Felsen erbaute, nun zerfallene Stammburg des fürstlichen Geschlechts. Aber welcher Unterschied zu den Sätzen Kleists! Der eigentliche Hauptsatz wird nicht unterbrochen: „ritten sie ... hinan". Er ganz allein stellt die Bewegung dar: sie reiten, der Leser, wenn er eine lebhafte Einbildungskraft besitzt, sieht sie die steinige Fläche hinan reiten. Aber er sieht sie reiten, er selbst bleibt unbewegt. Naturgemäß gehört zu der dargestellten Bewegung ein Punkt, in dem sie beginnt. Das ist der Augenblick, wo die Reiter mit der Tätigkeit, die dem Reiten voranging, das ist hier das Zurückschauen nach der Stadt, fertig sind. Er ist gegeben in dem einleitenden Temporalsatz: „nachdem sie sich ersättigt". Dieser vorhergehende Augenblick hat mit der dargestellten Bewegung selber, dem Reiten, nichts zu tun; darum kann er auch für sich beliebig weit auseinandergefaltet werden, was in der Verdoppelung von „oder vielmehr" bis „Aussicht" geschieht. Ebenso naturgemäß hat die Bewegung auch ein Ziel: die Ankunft am Felsen, auf dem die Ruine steht. Hier zeigt sich nun sehr deutlich, daß der Leser die Bewegung außer sich sieht und nicht selbst von einem Ausgangspunkt zu einem Ziel bewegt wird: das Prädikat des Hauptsatzes wird wieder aufgenommen: sie ritten hinan und gelangten unter alte Bäume am Fuß des Felsens — nun reiten sie hindurch. Die eine vom Leser geschaute Bewegung setzt sich unmittelbar fort: „und so fanden sie sich vor der unzugänglichsten Seite". Dies „und so" wird von Goethe oft gebraucht: „... und so zogen sie einem höheren freieren Standpunkt entgegen ...", „... und so türmte sichs aufwärts ..." (wenige Sätze vor bzw. nach dem von uns betrachteten Satz). Dazu gehört aber auch überhaupt die Verwendung des „und", das gewöhnlich parallel gebildete Seiten eines Zustands oder Vorgangs oder sich kontinuierlich auseinander entwickelte Zustände verbindet. Das letztere haben wir hier. Das Ende der Bewegung wird durch „und so" angeknüpft. Die als Ganzes vom Leser, der sich selbst in Ruhe befindet, angeschaute Bewegung wird in sich in aufeinanderfolgende Phasen der Bewegung gegliedert.

Wir müssen uns, bevor wir weitere Sätze Kleists untersuchen, das Wesen der Bewegung, die wir in den zuerst betrachteten fanden, ganz klar machen. Der Satz, mit dem das „Erdbeben in Chili" beginnt, stellt keine Bewegung dar: ein junger Mann steht an einem Pfeiler im Gefängnis und will sich erhängen. Der Sache nach stellt der Satz die teils innere, teils äußere Situation dar, in der sich Jeronimo befindet. Der Hauptsatz, immer wieder durch näher erläuternde Einschübe unterbrochen, beginnt und schließt den Satz. Wir sahen schon, daß der Leser bei diesen Sätzen Kleists immer von einem zum nächsten fortgerissen wird. Aber das ist noch nicht das Wichtigste, viel bedeutsamer sind die folgenden beiden Umstände: daß erstens der teils innere teils äußere Zustand Jeronimos auseinandergerissen wird, indem nach der Nennung der allgemeinen Umstände zuerst „stand" gesagt wird, dann „Jeronimo", dann „an einem Pfeiler des Gefängnisses", und dann erst, nachdem das Gefängnis noch näher bestimmt wurde und der Satz schon scheinbar etwas leer und unbefriedigend zu Ende gehen wollte, die stark betonten wenigen Worte des zweiten Teils des Hauptsatzes „und wollte sich erhenken". Und daß zweitens die Absicht, sich zu erhängen, nicht notwendig mit dem Stehen am Pfeiler des Gefängnisses verbunden sein muß, sondern daß, obwohl in der genannten Absicht die innere Situation Jeronimos zum Ausdruck kommt, diese als ein ganz Anderes, für den Leser Neues, zum Stehen am Pfeiler hinzukommt. Erstens wird der Leser von Punkt zu Punkt weitergeführt. Zweitens werden Teile, die nicht notwendig auseinanderfolgen, derart aufeinander bezogen, daß zwischen ihnen, statt einer Substanz, ein leerer Raum ist, den der Leser als Spannung empfindet. Man vergleiche den zuletzt zitierten Satz Goethes: in der Mitte der Hauptsatz, der rückwärts und vorwärts durch notwendig in der Sache liegende Grenzen — Ausgangspunkt und Ziel — begrenzt wird[2]). Die Bewegung, von der wir sprechen, ist nicht eine der Sache innerhalb des Satzes, sondern eine im Leser, der ein der Sache nach Unbewegtes durch die Art, wie er es in sich aufnimmt, als Bewegung in sich verwirklicht und empfindet. Der Inhalt des Satzes ist nicht bewegt, aber die Anordnung der Teile bewirkt, daß er dennoch als Bewegung, und zwar im Leser, empfunden wird. — Für den zitierten Satz aus dem „Bettelweib von Locarno" ließe sich dasselbe zeigen: auch hier die Verknüpfung des für sich geschilderten Schlosses mit der Bettung der alten kranken Frau. Dem Inhalt des Satzes nach hätte Kleist gut (entweder zwei Sätze bilden — siehe die Interpretation von Satz 4 und 5, S. 24f. oder) sagen können: in einem Schloß — dann

[2]) Nur der Deutlichkeit wegen wurde dieser Satz, der, insofern man reitet, als Inhalt Bewegung hat, gewählt. Ganz allgemein ist in der Prosa Goethes ein Fortschreiten in der Darstellung durch ein Fortschreiten, eine Entwicklung in der Sache selber begründet. Der Leser bleibt als Schauender in Ruhe, während sich die Sache, die er vor sich sieht, entwickelt, indem kontinuierlich mehreres auf- und auseinander folgt.

dessen nähere Bestimmung — war eine Frau gebettet worden. Durch den ungewöhnlichen Bau des Satzes aber werden das Schloß als solches und die Bettung der Bettlerin in einem seiner Zimmer getrennt, so daß der Leser von einem zum andern fortschreiten muß. Hieße der Satz dagegen: in einem Schloß war eine Bettlerin gebettet worden, so wäre da von vornherein nur eine Vorstellung.

Die Attribute, v. a. Relativsätze, und Appositionen bei Kleist, die, wie wir sahen, flüchtig ein näher bestimmendes Licht auf Personen, Zeiten, Orte usw. fallen lassen, verlängern das Jetzt in die Vergangenheit und Zukunft (Conrady nennt das Zeitraffung oder, nach Strich, Tiefenform und arbeitet es gut heraus), das Hier in räumliche Weite, und stellt den causalen Standort zwischen Voraussetzendem und Folgendem fest. Das hat zwei Wirkungen. Einmal hat Kleist dadurch in einem Satz mehr beisammen, als vom unmittelbar gegebenen Jetzt und Hier des Inhalts verlangt wird. Zum anderen enthält so jeder Satz Angaben, die über den Satz selbst hinausweisen und ihn, auf ihre Weise, mit den übrigen Sätzen und Gliedern der Novelle verknüpfen. Ich möchte die derart gefügten Sätze offen nennen.

Satz 3 bis 5 (der „Heiligen Cäcilie") sind komplizierter als Satz 1 und 2. Satz 3:

> „Nach Verlauf einiger Tage, die sie damit zugebracht hatten, den Prädikanten über die merkwürdigen Auftritte, die in den Niederlanden vorgefallen waren, anzuhören, traf es sich, daß von den Nonnen im Kloster der heiligen Cäcilie, das damals vor den Toren dieser Stadt lag, der Fronleichnamstag festlich begangen werden sollte; dergestalt, daß die vier Brüder, von Schwärmerei, Jugend und dem Beispiel der Niederländer erhitzt, beschlossen, auch der Stadt Aachen das Schauspiel einer Bilderstürmerei zu geben."

In der Mitte steht „dergestalt, daß", eine von Kleist zuletzt sehr oft gebrauchte Konjunktion. Sie teilt den Satz, wie in den meisten Fällen, ziemlich genau in zwei Hälften. Sie bewirkt, besonders wenn man die Novelle laut liest, eine starke Zäsur, und sie erzeugt im Leser eine bedeutende Anspannung, die schon Staiger dramatisch genannt hat.

Mir scheint nun wichtig die Frage: was wird durch sie eigentlich getrennt bzw. verbunden? Es scheint nun, als ergebe sich aus einer bestimmten Voraussetzung eine bestimmte Folge. Die vier Brüder berauschen sich an Erzählungen von Bilderstürmereien, zufällig soll ein besonders festlicher Gottesdienst in einem Nonnenkloster abgehalten werden: was also liegt näher, als daß die Brüder einen Bildersturm beschließen? Aber es zeigt sich, daß das nicht der Sinn dieses Satzes sein kann, oder wenigstens nicht sein eigentlicher Sinn. Denn dann müßte man das „dergestalt, daß" durch ein einfaches „so daß" ersetzen können; grammatisch würde dabei nichts oder wenig geändert. Aber es zeigt sich eben, daß der Satz bei einem solchen Experiment überhaupt seinen Sinn verliert, und wir müssen daher annehmen, daß er vor allem etwas anderes als dieses konsekutive Verhältnis von einer Voraussetzung und einer Folge ausdrückt. Man vergleiche ähnliche Sätze:

„Nun fügte es sich zur Verdoppelung der Bedrängnis, daß die Kapellmeisterin, Schwester Antonia, welche die Musik auf dem Orchester zu dirigieren pflegte, wenige Tage zuvor an einem Nervenfieber heftig erkrankte; dergestalt, daß, abgesehen von den vier gotteslästerlichen Brüdern, die man bereits, in Mäntel gehüllt, unter den Pfeilern der Kirche erblickte, das Kloster auch wegen Aufführung eines schicklichen Musikwerks in der lebhaftesten Verlegenheit war." (Satz 10, VI, S. 2f)

„Sie nehmen von dem Wirt, dessen Herz ihr jammervoller Anblick schmelzt, keine Ermahnung, keine Hülfe an; sie bitten ihn, die Freunde liebreich abzuweisen, die sich sonst regelmäßig am Morgen jedes Tages bei ihnen zu versammeln pflegten; sie begehren nichts von ihm als Wasser und Brot und eine Streu, wenn es sein kann, für die Nacht: dergestalt, daß dieser Mann, der sonst viel Geld von ihrer Heiterkeit zog, sich genötigt sah, den ganzen Vorfall den Gerichten anzuzeigen und sie zu bitten, ihm diese vier Menschen, in welchen ohne Zweifel der böse Geist walten müsse, aus dem Hause zu schaffen." (Satz 46, VI, S. 11)

Immer steht das „dergestalt, daß" ungefähr in der Mitte, immer läßt sich, grammatisch, statt dessen ein „so daß" einsetzen, und immer verliert der Satz dabei seine Wirkung, bricht er in sich zusammen. Aber wenn wir die zweite Hälfte der Sätze verkürzen, indem wir alle Erweiterungen und Einschübe weglassen, so läßt sich „dergestalt, daß" sehr gut durch „so daß" ersetzen, ohne daß der grammatische und Wortsinn wesentlich geändert würde, ja, sogar dem Ohr würden die so veränderten Sätze genügen. Wir könnten z. B. in Satz 3 „von Schwärmerei, Jugend und dem Beispiel der Niederländer erhitzt" oder in Satz 10 „abgesehen von den vier gotteslästerlichen Brüdern, die man bereits, in Mäntel gehüllt, unter den Pfeilern der Kirche erblickte" weglassen; der Wortsinn der Sätze bliebe erhalten, weil hier sowieso nur etwas wiederholt wird, was der Leser aus dem Vorhergehenden schon weiß, und auch das grammatische Verhältnis von Voraussetzung und Folge würde nicht anders. Folglich aber kann der sichtbare Inhalt der Sätze nicht zu dem „dergestalt, daß" gezwungen haben. Vielmehr dürfen wir das „dergestalt, daß" oder etwas, das sich darin ausdrückt, als die Ursache dafür ansehen, den zweiten Teil der Sätze länger und schwerer zu machen. Es scheint, als habe Kleist Sätze bilden wollen, deren Hälften sich in einem Gleichgewicht gegeneinander befinden, wie die Schalen einer auf beiden Seiten gleichbelasteten Waage. Dies gilt für die meisten der auf „dergestalt, daß" gebauten Sätze.

„Dergestalt, daß" hat im gewöhnlichen Sprachgebrauch konsekutive Bedeutung mit einer gewissen Betonung des Qualitativen. Natürlich hat die Konjunktion auch, wenn Kleist sie verwendet, zunächst diese Bedeutung. Aber darüber hinaus bedeutet sie noch anderes, oder besser: die Sätze, die auf sie gebaut werden, werden vom Leser nicht bloß als in konsekutive Beziehung gesetzte Sachverhalte, sondern als noch etwas anderes empfunden. Wir sahen, daß das „dergestalt, daß" und gewisse Einschübe in die zweite Hälfte der Sätze in engster Verbindung stehen müssen; denn wenn wir diese weglassen, können wir „dergestalt, daß" durch „so daß" ersetzen. Nun sagen die Einschübe aber jeweils etwas, das der Leser schon weiß; sie bringen nichts Neues, sondern durch sie wird in die zweite Hälfte etwas hinübergenommen, das der Sache nach und logisch in die erste Hälfte gehören würde. Demnach können die Sätze aber nicht bloß einen Sachverhalt, aus dem ein anderer Sachverhalt folgt, ausdrücken. Im Gegenteil, die Teile, die, wegen der konsekutiven Bedeutung der Konjunktion, eigentlich aus- und aufeinander folgen müßten, werden zu einem, eigentümlich gebildeten, Gebild zusammengefügt, in welchem Vorsatz und Folgesatz ineinander gefühlt werden.

Im Gegensatz zu dem soeben aufgewiesenen Ineinander, das wir bei den im folgenden verglichenen Sätzen Goethes nicht sehen, werden aber beide Satzhälften schroff gegeneinander abgesetzt: den Leser, der durch ein einfaches „so daß" mühelos und ohne stärkere Unterbrechung vom Vorsatz zum Nachsatz geleitet wird, kostet „: dergestalt, daß" eine Anstrengung, er muß, aus der ersten in die zweite Hälfte des Satzes zu gelangen, sich gleichsam einen Ruck geben, er muß, seelisch, einen Schritt tun, etwas überwinden.

Auch die Sätze, die durch „dergestalt, daß" in zwei Hälften geteilt werden, drücken vor allem eine Bewegung aus. Diese, die ebenso wie die Bewegung in den anfangs untersuchten Sätzen, vom Leser in sich vollzogen wird, unterscheidet sich von jener geradlinigen, die direkt von einem Ausgangspunkt einem Ziel zustrebt, insofern, als sie in einem Bogen ansteigt, gewaltsam unterbrochen wird, und dann erst zu ihrem Ende absinkt. Da diese Bewegung, wegen der Einschübe in die zweite Hälfte der Sätze, die sowohl eine zeitliche als auch logische Folge aufheben, kein Fortschreiten von einem Sachverhalt zu einem anderen Sachverhalt sein kann, muß sie, die trotzdem stattfindet, jenseitig sein, d. h. jenseits der der Erkenntnis faßbaren Sachverhalte liegen. Sie findet ihren Ausdruck in „dergestalt, daß", das den Satz unterbricht und den Leser zu einem inneren eigenen Handeln, zu einer Entscheidung zwingt[3]).

[3]) Man kann diese Sätze in Beziehung setzen zu der im nächsten Kapitel herausgearbeiteten Fügung der Tragödie („Penthesileas"), wo wir einem ähnlichen Paradox begegnen: der Anfang noch im Ende, das Ende schon im Anfang, und dazwischen ein jenseitiges Werden. Ebenso können wir hinweisen auf die Interpretation des

In der oben genannten Novelle Goethes sind drei Sätze, die auf ein „daß" gebaut sind. Der eine heißt:

> „Dies verzieh sie ihm nie, ja sie machte so heimliche Anstrengungen und Versuche, ihn zu beschädigen, daß die Eltern, die auf diese seltsamen Leidenschaften schon längst acht gehabt, sich mit einander verständigten und beschlossen, die beiden feindlichen Wesen zu trennen und jene lieblichen Hoffnungen aufzugeben." (W. A. I, 20, S. 324)

Hier sehen wir eine Tatsache, aus der eine andere Tatsache, einen Zustand, aus dem ein anderer Zustand folgt: zuerst das Verhalten des Mädchens, dann die Reaktion der Eltern. Wir sehen den Satz nicht zu einem Bogen gespannt, auf dessen Scheitel der Lesende gewaltsam unterbrochen wird, was schon wegen der unterschiedlichen Länge von Vorsatz und Nachsatz unmöglich ist, nicht streng voneinander abgesetzte und nur, indem sie Träger einer Bewegung sind, aufeinander bezogene, sondern kontinuierlich sich aus einander entwickelnde Glieder. Bei Kleist werden wieder, wie in den ersten Sätzen, die Punkte genannt, die durch Nebensätze und Appositionen sparsam erläutert werden; bei Goethe werden zwei in sich abgeschlossene Handlungen, daß das Mädchen versucht, den Gefährten zu beschädigen, und daß die Eltern beschließen, die beiden zu trennen, in Beziehung gesetzt. Goethe gibt ein Bild, das man anschauen kann; Kleist will ganz anderes, als die Darstellung eines schaubaren Verhältnisses oder Vorgangs geben: er erregt im Leser eine Spannung, überläßt ihn einen Augenblick sich selbst, und läßt ihn dann den Weg zu Ende gehen. Entscheidend ist der Augenblick, in dem er ihn allein läßt. Denn da muß er, durch eine eigene seelische Anstrengung, sich gleichsam zur zweiten Hälfte des Weges entschließen. Goethe gibt ein Bild, Kleist läßt den Leser einen seelischen Kampf kämpfen, er verlangt eine Entscheidung.

Der zweite Satz aus Goethes Novelle steht Kleist etwas näher. Nicht zufällig handelt es sich da um die Darstellung eines Kampfes. Aber auch hier werden wir bei eingehender Prüfung finden, daß in sich geschlossene Teile, also eigentlich zwei Ganze, zu einem größeren Ganzen vereinigt werden. Der Satz heißt so:

> „Und wie die Knaben Krieg zu spielen, einander Schlachten zu liefern pflegen, so stellte sich das trotzig mutige Mädchen einst an die Spitze des einen Heers, und focht gegen das andere mit solcher Gewalt und Erbitterung, daß dieses schimpflich wäre in die Flucht geschlagen worden, wenn ihr einzelner Wider-

---

„Erdbeben in Chili", wo auch ein jenseitiges Werden den Kern des Gehalts ausmacht, dort v. a. sichtbar in der Verwendung der direkten Rede und der Gestaltung der Kampf- und Mordszene vor der Kirche. Daß „dergestalt, daß" eine Äußerung des Dramatischen in Kleist ist, wurde auch in anderen Untersuchungen schon gesehen, Conrady nennt es (S. 47f) das Peripethiezeichen des kleistischen Satzes. Leider untersucht er die Sätze nicht genügend auf ihre Struktur hin.

sacher sich nicht sehr brav gehalten und seine Gegnerin doch noch zuletzt entwaffnet und gefangen genommen hätte." (2. Absatz, W. A. I, 20, S. 324)

Auch dieser Satz erzeugt im Leser eine Anspannung, insofern ist eine Ähnlichkeit zu den Sätzen Kleists vorhanden. Man kann sie aus dem Inhalt des Satzes erklären. Doch fragen wir genauer nach dem, was aufeinander bezogen wird, und wie der Leser in den Satz einbezogen wird, so zeigt sich, daß, die zweite Frage betreffend, der Leser, der selbst in Ruhe ist, jede der beiden Hälften des Satzes als ein in sich Geschlossenes vor sich sieht, und daß, die erste Frage betreffend, beide Hälften dem Inhalt nach streng geschieden ganz für sich stehen, indem weder in der ersten eine Aussage, die logisch in die zweite gehört, noch umgekehrt enthalten ist. So erweist sich dieser Satz als konsekutive Entwicklung, das Wort wie oben bei der Betrachtung allgemeinerer Sätze verstanden. — Den dritten der Sätze brauchen wir nicht gesondert zu betrachten, da er dem ersten analog ist (er folgt im 2. Absatz unmittelbar auf den zuletzt zitierten).

Satz 4 setzt mit dem Subjekt „der Prädikant" ein. Staiger vergleicht diese Sätze mit dem Drama: wie da die Person angegeben wird, bevor sie ihre Rede spricht oder Handlung tut, so nenne Kleist die Person vorweg, worauf die eigentliche Aussage folge. Nun ist aber die am Anfang genannte Person oder Sache nicht immer das eigentliche und v. a. nicht das logische Subjekt des Satzes. Z. B. der dritte Satz im „Zweikampf" beginnt: „Herr Friedrich von Trota ...", das Subjekt des Satzes ist aber der Herzog von Breysach; oder der 10. Satz im „Zweikampf": „Der Pfeil ...", enthält aber eine Handlung der Herzogin. Öfter noch besteht ein Satz aus korrespondierenden Teilen, meistens Hälften, die durch ein Semikolon getrennt sind, und deren jeder mit seinem Subjekt beginnt, so daß man auch in diesen Fällen nicht für den ganzen Satz ein Subjekt, das ihn zusammenhält, antrifft. Und endlich beginnen doch so viele Sätze (im „Zweikampf" 158 von insgesamt 212 Sätzen) nicht mit dem Subjekt, so daß man doch annehmen muß, wenn Kleist das Subjekt auf die von ihm ausgezeichnete erste Position im Satz stellt, wolle er dieses, wenn ein anderes Satzglied, dann das besonders hervorheben[4]). Der 3. Satz begann: „Nach Verlauf einiger Tage ...", worauf man zuerst von den Brüdern, dann von den Nonnen, dann von dem Plan gegen das Kloster hört. Der Anfang des ersten Satzes war: „Um die Mitte des sechzehnten Jahrhunderts ...", dann kamen die Brüder, erst die Wittenberger, dann der Antwerpener, und dann Aachen, wo sie sich trafen. Wir sahen in den drei ersten Sätzen,

[4]) Conrady hebt die Spitzenstellung verschiedener Wörter auch hervor; er meint, daß sich darin Wirklichkeitsbindung zeigt.

daß für ihren Bau nicht die grammatischen Verhältnisse Subjekt-Prädikat und Voraussetzung-Folge bestimmend sind, sondern daß da eine Bewegung abläuft, in die Subjekt und Prädikat, Voraussetzung und Folge als Punkte eingeordnet sind. Die, immer lineare, Bewegung ist entweder geradlinig oder zu einem Bogen gespannt, der erst ansteigt und dann absinkt. Satz 1 und 2 könnten noch vermuten lassen, daß sich da eine Substanz innerhalb des Satzes, nämlich das Subjekt, die Brüder, bewege. Aber schon im 3. Satz, und besonders bei den aus dem „Erdbeben", dem „Bettelweib" und dem „Zweikampf" zitierten Sätzen, ist deutlich zu sehen, daß die Satzsubjekte nicht das sich Bewegende, sondern selbst nur Punkte der Bewegung sind, während das sich Bewegende selber nicht unmittelbar zu erkennen ist.

Von den 69 Sätzen der „Heiligen Cäcilie" beginnt kein einziger mit einem temporalen, nur einer mit einem causalen Nebensatz; ein Satz ist eine „wenn ..., so ..."-Konstruktion; drei Sätze beginnen mit einem absoluten Partizip; einer mit einem Subjektsatz („wodurch ..."); und einer mit „worauf ...", doch ist dies überhaupt nur ein angehängter Nebensatz.

Häufig sind Wendungen wie: „Sechs Jahre darauf, da diese Begebenheit längst vergessen war, kam die Mutter ..." (VI, S. 5), „Die Äbtissin, nachdem sie befohlen hatte, der Fremden einen Stuhl hinzustellen, entdeckte ihr ..." (IV, S. 13). Der temporale Nebensatz, und ähnlich der causale, der von anderen Erzählern dem ganzen Satz vorangestellt wird, wird durch ein zum Hauptsatz gehörendes Wort, oft durch das Subjekt, öfter durch ein anderes Wort, in die zweite Position zurückgedrängt. Die Sätze könnten gut anfangen: „Als um das Ende des sechzehnten Jahrhunderts ..." und „Nachdem die Äbtissin befohlen hatte ..."; es heißt aber: „Um das Ende des sechzehnten Jahrhunderts, als die Bilderstürmerei ..." und: „Die Äbtissin, nachdem sie ...".

Der Anfang des Satzes gibt einen festen Punkt, mit dem die Bewegung einsetzt, die durch einen Satz oder einen Absatz, in Satz 1 durch die ganze Novelle, hindurchgeht.

Andere Worte, die relativ oft am Anfang eines Satzes stehen, sind „inzwischen", „vergebens", „nun". In den meisten Fällen kann man auch da leicht erkennen, daß sie eine bestimmte Bewegung auf bestimmte Weise einleiten.

Satz 4 heißt:

> „Der Prädikant, der dergleichen Unternehmungen mehr als einmal schon geleitet hatte, versammelte am Abend zuvor eine Anzahl junger, der neuen Lehre ergebener Kaufmannssöhne und Studenten, welche in dem Gasthofe bei Wein und Speisen unter Verwünschungen des Papsttums die Nacht zubrachten;

und da der Tag über die Zinnen der Stadt aufgegangen, versahen sie sich mit Äxten und Zerstörungswerkzeugen aller Art, um ihr ausgelassenes Geschäft zu beginnen."

Wenn wir den Inhalt des Satzes umschreiben wollen, so erscheint als eigentlicher Inhalt nicht etwas, was der Prädikant tut, sondern wieder ein Weg, der beim Prädikanten beginnt und bei der Absicht, „ihr ausgelassenes Geschäft zu beginnen", endet. Die Punkte sind: der Prädikant, der Abend, die jungen Kaufmannssöhne und Studenten, der Anbruch des Tages, die Vorbereitungen, die Absicht. Die Bewegung setzt ein: „Der Prädikant". Andere Sätze, die man vergleichen könnte, sind Satz 11: „Die Äbtissin, die am Abend des vorhergehenden Tages befohlen hatte ...", in dem die Bewegung von dem Befehl der Äbtissin zu der Nachricht, daß Schwester Antonia bewußtlos darniederliege und an ihre Direktionsführung nicht zu denken sei, führt, und viele Sätze in der „Heiligen Cäcilie", Satz 2 und 3 im „Bettelweib", Satz 1, 3, 4 und viele im „Zweikampf". Das an den Anfang gestellte Subjekt ist nicht die Substanz, zu der der Satz Aussage ist, sondern ein besonders markierter Punkt der Bewegung, als welche wir den Satz verstehen müssen.

Wie anders ist das in den Sätzen Goethes, wo auch oft das Subjekt am Anfang des Satzes steht (in der zum Vergleich herangezogenen Novelle in 51 von fast hundert Sätzen):

> „Der Knabe tat sich in seinen neuen Verhältnissen bald hervor. Jede Art von Unterricht schlug bei ihm an. Gönner und eigene Neigung bestimmten ihn zum Soldatenstande. Überall wo er sich fand, war er geliebt und geehrt. Seine tüchtige Natur schien nur zum Wohlsein, zum Behagen anderer zu wirken, und er war in sich, ohne deutliches Bewußtsein, recht glücklich, den einzigen Widersacher verloren zu haben, den die Natur ihm zugedacht hatte.
>
> Das Mädchen dagegen trat auf einmal in einen veränderten Zustand. Ihre Jahre ..."
>
> „Ein junger Mann, älter als ihr ehemaliger nachbarlicher Widersacher, von Stand, Vermögen und Bedeutung, beliebt in der Gesellschaft, gesucht von Frauen, wendete ihr seine ganze Neigung zu."
>
> (ebenda 4. bis 6. Absatz, S. 324f)

Zu einem Subjekt wird eine Aussage gemacht, eines ist, denkt, tut oder was auch immer.

Wenn bei Kleist ein Satz ohne betonten Akzent anfängt, führt er die Bewegung des vorhergehenden Satzes weiter. Satz 2 z. B. beginnt: „Sie wollten daselbst ..."; oder Satz 5: „Sie verabredeten ein Zeichen ...". Meistens aber wird am Anfang eines Satzes irgend etwas besonders hervorgehoben.

Die Sätze 4 und 5 sind durch Semikola in jeweils zwei Hälften, wenn auch ganz anders als Satz 3, geteilt. Satz 5:

„Sie verabredeten frohlockend ein Zeichen, auf welches sie damit anfangen wollten, die Fensterscheiben, mit biblischen Geschichten bemalt, einzuwerfen; und eines großen Anhangs, den sie unter dem Volk finden würden, gewiß, verfügten sie sich, entschlossen, keinen Stein auf dem andern zu lassen, in der Stunde, da die Glocken läuteten, in den Dom".

Man fragt, worin besteht die Einheit der Sätze 4 und 5? Wodurch kommt der Punkt zwischen sie?

Satz 4, vor dem Semikolon: der Prädikant versammelt eine Anzahl junger Leute; nach dem Semikolon: diese versehen sich mit Werkzeugen, um ihr Geschäft zu beginnen. Satz 5, vor dem Semikolon: sie verabreden das Zeichen; nach dem Semikolon: sie begeben sich in den Dom. Könnte die Stelle nicht auch heißen: Der Prädikant versammelt die jungen Leute, Punkt. Sie bereiten den Anschlag vor, indem sie sich mit Werkzeugen versehen und ihre Verabredung treffen, Punkt. Dann begeben sie sich in den Dom, Punkt. Wäre so nicht genau das gleiche gesagt?

Satz 5 fängt mit einem blassen: „sie verabredeten ..." an; also gehören beide Sätze zusammen. Aber warum werden sie dann durch einen Punkt getrennt? Ein Satz ist, wie wir sagten, eine Einheit. Jeder der beiden Sätze muß demnach, obwohl sie auch zusammengehören, in sich eine Einheit sein. In Satz 4 ist eine Einheit des Satzes weder durch das Subjekt gegeben (erst der Prädikant, dann die jungen Leute), noch durch die Zeit (erst Abend, dann Morgen), noch durch das, was geschieht (erst versammeln sie sich und zechen, dann bereiten sie ihre Unternehmung vor). Vielmehr gelangt der Leser vom Prädikanten zu den jungen Leuten, vom Abend zum Morgen, von dem untätigen Sichversammeln zu dem tätigen sich-mit-Werkzeugen-versehen. — In Satz 5 ist es ähnlich: die Bilderstürmer verabreden ein Zeichen, d. h. sie treffen noch eine letzte Vorbereitung, dann verfügen sie sich in den Dom, d. h. wird ein Geschehen mit dem ersten verknüpft, das durchaus nicht notwendig aus diesem folgen muß. Jeweils nicht notwendig zueinander Gehörendes wird zu einem Satz zusammengefügt: in Satz 4 sich-versammeln und sich-mit-Werkzeugen-versehen, in Satz 5 sich-verabreden und sich-in-den-Dom-begeben. Dagegen was der Sache nach zusammengehörte, die Vorbereitung des Bildersturms: sich mit Werkzeugen versehen und die Verabredung treffen, wird auseinandergerissen.

Die Einheit dieser Sätze ist durch dieses Fortschreiten gegeben. Auch die Bewegung, die wir hier sehen, kommt unmittelbar und grammatisch, innerhalb der Sätze, nicht zum Ausdruck; irgendwie bleibt sie jenseits des Dargestellten. Das Dargestellte selber ist eine Folge von Zuständen und Bildern. Diese und auch die Reihenfolge, in der sie der Leser erfährt, sind gewiß nichts Besonderes. Aber welche Vorstellungen und Bilder und wie sie miteinander verknüpft sind, das ist bedeutsam. Es zeigt sich darin eine hinter dem Dargestellten verborgen bleibende Ordnung, die, vom Leser als Bewegung gefühlt, die Teile unter einen Bogen spannt — wie Menschen, die unter einem Himmel leben, unter einem Gesetz stehen, zueinander gehören und sich verstehen. Wir fragen ja nach der Einheit der Sätze. Daß diese nicht durch den Gegenstand gegeben sein kann, wie in Goethes Sätzen, wobei der Gegenstand entweder als in sich ruhend oder als Entwicklung erscheint, haben wir gesehen. Denn in allen bisher betrachteten Sätzen Kleists werden Teile, die nicht notwendig zueinander gehören, in einem Satz miteinander verbunden. Lugowskis und auch Conradys (S. 33 ff.) Ansicht, die Einheit bestehe im selben Bezug der Teile zur Wirklichkeit, „die wahre Bündigkeit dieses scheinbar Zusammenhanglosen ruhe in der Wirklichkeit, nicht in der logischen Konstruktion" (Lugowski) kann ich nicht beistimmen, da erstens nicht bestimmt wird, was Wirklichkeit ist, und zweitens ich mir darunter kein Strukturverhältnis vorstellen kann; Einheit, die nicht in der Struktur liegt, ist aber keine Einheit. Wir fanden aber immer wieder, daß die einzelnen Teile als Punkte einer Bewegung eingefügt sind, die ihrerseits zwar inhaltlich in den Sätzen nicht zu erkennen ist, aber, durch die Art der Verknüpfung der Teile bewirkt, vom Leser, der sie nach dieser Art in sich aufnimmt, als Bewegung gefühlt wird. Die Einheit, die wir dadurch als gegeben erwiesen, daß, wenn wir die Sätze 3, 4 und 5, ohne ihren Inhalt zu verändern, in mehrere zerlegten, überhaupt ihr Sinn verloren geht, kann also nur in der jenseits der Sätze selber, in der Seele des Lesers vor sich gehenden Bewegung liegen. Sie besteht durch die Art, wie die an sich selbst unverbundenen Teile einander zugeordnet werden, als seelischer Vorgang im Leser[5]).

Noch ein, von Kleist oft, im „Zweikampf" 26 mal, im „Bettelweib" zweimal, in der „Heiligen Cäcilie" achtmal gebrauchtes, ich möchte fast sagen, Satzmodell ist dieses: „. . . ; und da (nachdem) . . ., so (:) . . .":

> „Durch diesen Anblick tief im Innersten verwirrt, steht der Haufen der jämmerlichen Schwärmer, seiner Anführer beraubt, in Unschlüssigkeit und Untätigkeit bis an den Schluß des vom Altan wunderbar herabrauschenden Oratoriums da; und da auf Befehl des Kommandanten in ebendiesem Augenblick mehrere Arretierungen verfügt und einige Frevler, die sich Unordnungen erlaubt hatten, von einer Wache aufgegriffen und abgeführt wurden, so bleibt

---

[5]) Ich stelle hier nicht dem äußeren Sinn den inneren entgegen, indem ich an die Stelle eines Raums Zeit setze. Daß ein Gedicht nicht anders als in der Zeit aufgenommen werden kann, bedarf keiner besonderen Erwähnung. Hier ist das strukturelle Verhältnis gemeint.

der elenden Schar nichts übrig, als sich schleunigst unter dem Schutz der gedrängt aufbrechenden Volksmenge aus dem Gotteshause zu entfernen."

(Satz 33, VI, S. 8)

„Der Graf, der eben mit einer Gesellschaft von Freunden bei der Tafel saß, stand, als der Ritter mit der Botschaft der Herzogin zu ihm trat, verbindlich von seinem Sessel auf; aber kaum, während die Freunde den feierlichen Mann, der sich nicht niederlassen wollte, betrachteten, hatte er in der Wölbung des Fensters den Brief überlesen, als er die Farbe wechselte und die Papiere mit den Worten den Freunden übergab: „Brüder, seht, welch eine schändliche Anklage, auf den Mord meines Bruders, wider mich zusammengeschmiedet worden ist!"

(Satz 16 im Zweikampf, VI, S. 5)

Vielleicht zeigt diese Art von Sätzen am klarsten, daß die Einheit des Satzes durch eine Bewegung gegeben ist. Die Sätze bestehen aus zwei Teilen, von denen jeder für sich allein stehen könnte. Ein, gewöhnlich ziemlich kurzer, Vorsatz und ein zweiter Satz, meistens eine „da . . ., so . . ." – oder „nachdem . . ., . . ."-Konstruktion, werden, durch ein „und" verbunden, zu einem Satz zusammengefügt. Wenn das Gewicht auf dem jeweiligen Inhalt der Sätze läge, würde es (Satz 33) heißen dürfen: „Durch diesen Anblick verwirrt, steht der Haufen da," Punkt. Das ist ein Satz, der eine Szene, einen Zustand ganz und vollkommen darstellt. „Da einige Frevler aufgegriffen wurden, so blieb nichts übrig, als sich zu entfernen." Das ist auch ein Satz, der durchaus hinreichend einen in sich abgeschlossenen Vorgang gibt. Aber man spürt schon, der Satz will sich nicht in zwei Sätze zerlegen lassen, seine eigentliche Aussage geht dabei verloren. Denn, das ist nun das Entscheidende, indem Kleist beide Vorgänge miteinander verknüpft, indem er sie zusammen einen Satz bilden läßt, sind nicht mehr die Inhalte der beiden Sätze, jeder für sich, das Wichtige, sondern etwas, das zwischen ihnen liegt, etwas, das überhaupt nur dadurch erlebbar und fühlbar wird, daß beide Sätze zu einem Satz verbunden werden.

Diese Sätze lassen noch mehr erkennen. Der Vordersatz setzt einen festen Punkt, schildert einen in sich ruhenden Zustand, durch „und da" oder „und nachdem" wird eine Bewegung eingeleitet, und mit dem Nachsatz wird ein neuer Zustand, wieder ein fester Punkt, erreicht.

Noch einmal möge ein goethescher Satz klarer machen, was gemeint ist.

„Daß anstatt einer jugendlichen Freude eine gewisse Trauer über sein Gesicht zog, hatte die Fürstin nicht Zeit zu bemerken, noch er seiner Empfindung Raum zu geben, denn hastig den Berg herauf, einen Knaben an der Hand, kam eine Frau, geradezu auf die Gruppe los, die wir kennen; und kaum war Honorio sich besinnend aufgestanden, als sie sich heulend und schreiend über den Leichnam herwarf, und an dieser Handlung, so wie an einer, obgleich reinlich anständigen, doch bunten und seltsamen Kleidung sogleich erraten ließ, sie sei die Meisterin und Wärterin dieses dahin gestreckten Geschöpfes, wie denn der schwarzaugige, schwarzlockige Knabe, der eine Flöte in der Hand hielt, gleich der Mutter weinend, weniger heftig, aber tief gerührt, neben ihr kniete."

(„Novelle", W. A. I, 18, 335)

„. . . und kaum" leitet nicht ein der Sache nach Neues ein, sondern das schon eingeleitete Geschehen — „hastig kam eine Frau auf die Gruppe los" — wird, gesteigert, auf einer neuen Stufe der inneren Erregung, fortgeführt: „und warf sich schreiend über den Leichnam".

Es gibt in den Novellen Kleists, außer in der „Heiligen Cäcilie", auch ganz einfache, kurze Sätze, etwa: „Herr Friedrich sprang mit einem Laut des augenblicklichen Schmerzes von der Erde empor." („Zweikampf" VI, S. 23.) Diese Sätze zeigen für sich selbst keine besondere Fügung, wir brauchen sie in unserm Zusammenhang nicht zu untersuchen.

Wie die Satzteile werden auch ganze Sätze miteinander verbunden. Wenn man Kleists Prosa laut liest, ergibt sich als besondere Schwierigkeit, daß man fortwährend durch Interpunktionen, Schachtelungen unterbrochen wird. Der größere Teil der Sätze bringt am Anfang das Subjekt oder ein anderes scharf betontes Wort, wodurch fast immer ein kleines Loch zwischen den Sätzen entsteht, die unmittelbar weiterführende Verbindung zwischen ihnen abreißt. Wie schon innerhalb des Satzes die Glieder (s. S. 1, 2, 5, 9 usw.), so werden erst recht die Sätze gegeneinander isoliert. Direkte Verbindungen sind nur von Satz 1 zu 2, 4 zu 5, 12 zu 13 und 14 zu 15 in den ersten zwei Absätzen der „Heiligen Cäcilie".

Auch für den ganzen Absatz fragt sich, wodurch die Einheit gegeben ist, denn es werden die verschiedensten Inhalte nebeneinander gestellt. Man gehe den ersten Absatz einmal durch: S. 1 und 2: Die Ankunft der Brüder in Aachen, S. 3: die Nonnen im Cäcilienkloster wollen den Fronleichnamstag feiern, und die Brüder beschließen den Bildersturm. S. 4 und 5: Die Vorbereitungen desselben. S. 6: die Äbtissin bittet umsonst um eine Wache. S. 7: die Nonnen schicken sich zur Messe an. S. 8: nur der alte Klostervogt beschützt sie. S. 9: von der Musik in Nonnenklöstern. S. 10 und 11: Schwester Antonia, die Dirigentin, ist krank. S. 12: Nonnen und Bilderstürmer in der Kirche; der Klostervogt fleht, das Fest abzubrechen. S. 13: die Äbtissin besteht auf ihrem Willen, daß der Gottesdienst gehalten werde. Besonders kraß scheinen Satz 2 und 3, 5 und 6, 6 und 7, 8 und 9, 11 und 12 gegeneinander abgesetzt, sowohl dem Inhalt nach als auch für das Ohr bei lautem Lesen.

Der zweite Absatz besteht aus nur drei Sätzen. Satz 14 und 15: Im letzten Augenblick kommt Schwester Antonia und übernimmt die

Leitung des Chors. S. 16: das Musikstück wird aufgeführt, niemand rührt sich, nichts geschieht, und das Kloster bleibt noch lange Jahre bestehen. — Damit endet die eigentliche Erzählung des Geschehens. In den übrigen drei Absätzen wird die nötige und mögliche Aufklärung über dies Ereignis gegeben.

Ein kurzer Blick zeigt: im zweiten Absatz wird das Ereignis, im ersten die Vorgeschichte bis zu dem entscheidenden Augenblick erzählt.

Der zweite Absatz setzt mit einer „eben ..., als ...“-Konstruktion ein, die Kleist oft und in den letzten Novellen jeweils auch zur Kennzeichnung des Beginns der entscheidenden Szene gebraucht, und führt von der Angst der Nonnen, die, ohne ihre Dirigentin, irgendein Musikstück aufzuführen sich anschicken, über das unerwartete Erscheinen und das begeistert zuversichtliche „Gleichviel, Freundinnen, gleichviel!“ Schwester Antonias zu dem Punkt, in dem alle Fäden zusammenlaufen und sich das Schicksal des Klosters wie der Brüder entscheidet:

> „Demnach kam es wie ein wunderbarer himmlischer Trost in die Herzen der frommen Frauen; sie stellten sich augenblicklich mit ihren Instrumenten an die Pulte; die Beklemmung selbst, in der sie sich befanden, kam hinzu, um ihre Seelen wie auf Schwingen durch alle Himmel des Wohlklangs zu führen; das Oratorium ward mit der höchsten und herrlichsten musikalischen Pracht ausgeführt; es regte sich während der ganzen Darstellung kein Odem in den Hallen und Bänken; besonders bei dem salve regina und noch mehr bei dem gloria in excelsis war es, als ob die ganze Bevölkerung der Kirche tot sei: dergestalt, daß, den vier gottverdammten Brüdern und ihrem Anhang zum Trotz, auch der Staub auf dem Estrich nicht verweht ward und das Kloster noch bis an den Schluß des Dreißigjährigen Krieges bestanden hat, wo man es, vermöge eines Artikels im Westfälischen Frieden, gleichwohl säkularisierte.“

Der erste Absatz unterscheidet sich von dem zweiten insofern, als er nicht ein Geschehen, das an einer Stätte in wenigen Minuten abläuft, sondern die verschiedenen Fäden, die erst bei der Aufführung des Musikwerks zusammenlaufen werden, nämlich einerseits die Bosheit und die Vorbereitungen der Bilderstürmer, andererseits die Angst der sich zum Fest rüstenden Nonnen, gesondert voneinander nach Zeit und Ort und sich über Tage hin erstreckend, darstellt. Ein anderer Dichter hätte daraus eine ganze Reihe von Absätzen gemacht. Kleist nur einen.

Der erste Absatz beginnt mit der Ankunft der Brüder, er endet mit dem Augenblick vor der Aufführung. Er schildert zuerst, was die Brüder tun, nimmt aber schon (Satz 3) die Nonnen mit in die Schilderung hinein, und schildert dann, was im Kloster geschieht, und bezieht nun wieder die Brüder mit ein (S. 10 und 12). Man könnte, indem man immer zugleich auf die Handlungen der Brüder und die Vorgänge im Kloster sieht, ohne der Erzählung Gewalt anzutun, diesen Absatz so erzählen: So fing es an, und dann ..., und dann ..., und dann ..., usf ... bis — ja bis zu dem Augenblick, wo nun die Aufführung beginnen wird, womit der erste Absatz endet.

Durch den ganzen Absatz führt eine geradlinige Bewegung vom ersten zum letzten Satz. Durch den zweiten ebenfalls, wie wir schon sahen Nun setzt aber, ganz eindeutig, schon im siebenten Satz mit den Worten: „Inzwischen brach die Stunde an, da die Feierlichkeiten beginnen sollten ..." der Ablauf des Geschehens, das im zweiten Absatz kulminieren wird, ein, so daß der Einschnitt zwischen den beiden Absätzen ein in sich fortlaufendes Geschehen zerreißt.

Vergegenwärtigen wir uns noch einmal: Jeder der beiden Absätze bewegt sich wie auf einer Linie von einem bestimmten Anfang zu einem bestimmten Ende; und eine gewisse Einheit des Ortes, der Zeit und des Geschehens wird durch die Teilung in die beiden Absätze zerrissen. Was bedeutet diese Unterteilung?

Das heißt wieder: worin besteht die Einheit eines jeden der beiden Absätze? Die einzelnen Sätze, innerhalb des Absatzes, sind wieder, wie die Teile in einem Satz, gegeneinander isoliert, haben keine unmittelbare, direkte Beziehung; sie haben untereinander auch keine Rangordnung, so daß man sagen könnte: dieser Satz ist wichtig, jener dagegen rundet das Bild nur ab; man kann, wenn man die Absätze liest, auch nicht den einen Satz schneller, den anderen langsamer, den einen mit lauter, den anderen mit leiser Stimme sprechen. Man sieht die Sätze, ohne direkte Beziehung zueinander, in merkwürdiger Gleichheit demselben Gesetz unterworfen. Einer mächtigen Bewegung muß jeder Satz sich einordnen, wie man ja auch am liebsten immer einen ganzen Absatz in einem Atemzuge sprechen möchte. Satzteile wie Subjekt und Prädikat, Satzglieder wie attributive, temporale, causale und konsekutive Nebensatze, und v. a. auch die ganzen Sätze selber werden wie von einer unsichtbaren Kraft einem Ziel entgegengerissen und verlieren dabei die selbständige Bedeutung, die jedes für sich hätte.

Die Bewegung hat einen festen Anfangspunkt und ein festes Ziel. Das Ziel ist ein Zustand. An unseren zwei Absätzen ist das gut zu beobachten. Der Sinn des Absatzes liegt außerhalb desselben: für den ersten in dem Zustand, mit dem der zweite einsetzt, für den zweiten in einem Zustand, der überhaupt außerhalb der Novelle bleibt und nur in den drei folgenden Absätzen vorsichtig angedeutet wird. Man kann das schon an den einzelnen Sätzen sehen. Oft, über viele Sätze hin, ist man am Ende des einen dort, wo der nächste beginnt. So etwa endet Satz 2: die Brüder kehren im Gasthof ein; S. 3 beginnt: nach Verlauf einiger Tage, die sie damit zugebracht hatten ... S. 3 endet: sie beschließen die Bilderstürmerei; S. 4 beginnt: der Prädikant versammelt zu diesem Unternehmen die Studenten. S. 4 endet: sie versehen sich mit Werkzeugen; S. 5 beginnt: sie verabreden das Zeichen. Satz 6 beginnt dann mit einem neuen Einsatz: die Äbtissin . . . — Der Schritt, den die Erzählung vorangeht, wird innerhalb der Sätze getan; dagegen die Punkte des Beharrens, an denen die Erzählung nicht fortschreitet, liegen zwischen den Sätzen. Die Erzählung geht nicht von Satz zu Satz weiter, wobei jeder Satz eine Stufe der Entwicklung ausmacht, auf der sie einen Augenblick ruhen kann, sondern ihr Gang gleich der Bewegung eines Springers, der zwischen den Sprüngen nur flüchtig den Boden berührt. Reihen derart verbundener Sätze bilden die Absätze. Und wie der Sinn des einzelnen Satzes, so liegt auch der Sinn der Absätze außerhalb derselben in einem Zustand, mit dem jeweils der nächste einsetzt.

Diese eigentümliche Fügung nenne ich wieder offen, denn der Sinn eines in sich geschlossenen Satzes müßte doch in ihm selber gefunden werden. Hier aber liegt der Sinn in einem Zustand, der vom Satz nicht dargestellt wird, sondern zu dem der Satz hinführt, so daß das, was wir offene Fügung nennen, in drei wichtigen Momenten zur Erscheinung kommt: Erstens enthalten die Sätze inhaltlich mehr, als vom unmittelbar dargestellten Satzgeschehen gefordert wird, wodurch (siehe Seite 20) sie zeitlich, räumlich und causal nach vorn und rückwärts geöffnet werden. Zweitens besteht die strukturelle Einheit der Sätze darin, daß die einzelnen Teile, ohne unmittelbare logische und sachliche Beziehung zueinander, sich aus sich selber so verhalten, daß sie im Gemüt des Lesers, als Glieder einer Bewegung empfunden, eine Ordnung bilden; daß also ihre Einheit statt durch den Gegenstand, den sie in sich einschließen müßten, an dessen Stelle aber eine Art Leere, die man als Spannung fühlt, steht, durch die Art, wie der Leser sie in sich aufnimmt, gegeben ist. Und drittens erscheinen sie uns offen, weil außer der Einheit auch der Sinn der Sätze nicht in ihnen liegt, indem die Ruhepunkte der Erzählung zwischen ihnen liegen. — Daß diese drei Momente in engster Beziehung zueinander stehen, ja daß sie im Grunde eins sind, versteht sich, wie mir scheint, von selbst.

Der Einschnitt zwischen den Absätzen zeigt an: jetzt kommt eine neue Stufe, setzt eine neue Bewegung ein. Außer in der „Heiligen Cäcilie“ ist diese Einteilung noch im „Bettelweib von Locarno“ und im „Erdbeben in Chili“ so konsequent durchgeführt. In den anderen Novellen bilden immer mehrere Absätze einen solchen Abschnitt. Aber das Wichtige ist doch dieses fortwährende Hinübertreten aus einem in ein anderes, vielleicht könnte man es ein fortwährendes Transzendieren nennen, indem der Sinn eines jeden außerhalb desselben bleibt.

Man vergleiche wieder die „Wunderlichen Nachbarskinder“, wie da jeder Satz etwas Ganzes, entweder ein Bild oder ein Verhältnis oder ein Geschehen oder was immer, darstellt, wie da ein in sich ruhendes

Ganzes dem anderen folgt, wie jedes seinen Sinn in sich selbst trägt bzw. in dem, wie es, der ganzen Novelle dienend, an seiner Stelle vollkommen den jeweiligen Stand der Entwicklung ausdrückt. Die goethesche Novelle ist eine Folge von Zuständen, die sich auseinander entwickeln, und jeder ist in sich vollkommen, so daß der Blick auf ihm verweilen mag. Das Wichtige ist das Dargestellte selber, wenn auch immer in Beziehung zum übrigen und zum Ganzen. Aber in den Novellen Kleists ist das Wichtige nicht das Dargestellte, sondern was dazwischen, dahinter liegt. Goethe schildert Zustände als Bewegung und Entwicklung, und doch schaut man ein Bild, nur ein in sich bewegtes. Kleist dagegen, wenigstens in seinen späteren Novellen, läßt nie das Gefühl entstehen, daß man ein Bild anschaue; er hetzt den Leser von Punkt zu Punkt, und am Ende ist, wie wir schon bei den „dergestalt, daß"-Sätzen sahen, jenseits des Gesagten, in der Seele, etwas geschehen bzw. entstanden.

Wir müssen Kleists Novellen als unendlich komplizierte Gefüge solcher Bögen verstehen. Nicht daß die Dinge, die Gegenstände aufeinander bezogen wären, wie in den Dichtungen anderer Dichter, auch da spricht man von „Bögen", sondern Bewegungen, die, obwohl sie einen bestimmten Anfang und ein bestimmtes Ziel haben, offen sind, lagern sich in- und übereinander und bilden so eine sich selbsttragende Ordnung.

Ich möchte noch einmal betonen: auch die Dichtungen anderer Dichter drücken das Wesentliche nicht unmittelbar im Gesagten aus; auch in ihnen, wie in aller Kunst, erscheint das nur mittelbar in den Beziehungen und kann nur aus diesen gefühlt, in ihnen angeschaut werden. Aber während in ihnen die einzelnen Teile, jeder ein in sich vollkommener Mikrokosmos, sich gleichsam zu einem, ebenfalls in sich geschlossenen und vollkommenen, Makrokosmos ordnen, während man also Inhalte, Substanzen, als Glieder eines größeren, ihnen übergeordneten Wesens und in diesem eine höhere Substanz erkennt, wodurch die einzelnen Teile wiederum eine höhere Realität erhalten: verlieren die Teile in den Sätzen Kleists, gerade dadurch, daß er sie in Beziehung setzt, ihre substanzielle Realität, stattdessen spielt sich hinter ihnen ein jenseitiges Geschehen ab, und dies Geschehen wird innerhalb der Dichtung in der Anordnung der Teile, die als Bewegung gefühlt wird, sichtbar. Aber dies allein wäre vielleicht noch nicht nur Kleist eigentümlich; immerhin mag es Dichter geben, deren Gedichte, als reine Form, transzendieren, wie wir es nannten. Jedoch zwei Eigenschaften seiner Sätze, miteinander verbunden, lassen seine Fügweise einzig erscheinen. Die eine ist, daß seine Sätze, obwohl sie keine in sich geschlossenen Kosmen sind, dennoch feste Gefüge mit genau abgemessenen Grenzen, Anfangs- und Endpunkten, sind, in denen man nichts verändern dürfte, ohne daß der ganze Satz seinen Sinn verlöre; so daß sie sich, weil sie vollkommene Form sind, durchaus von den modernen Versuchen unterscheiden, die ins Unsagbare durch Auflösung der Form gelangen wollen. Die andere ist, daß seine Sätze, obwohl sie ins letzte durchgeformte Fügungen sind und trotz der festen Anfangs- und Endpunkte, dennoch keine in sich geschlossenen, in sich ruhenden, lebendigen Wesen vergleichbare Organismen, Sprach- und Sinnleiber gewissermaßen, werden, sondern offen sind, einmal in dem jeder Satz und Absatz durch eingefügte Worte und Sätze räumlich, zeitlich und causal voraus- und zurückreicht, zweitens durch die Art, wie der Leser ins Gefüge der Sätze einbezogen wird, und drittens weil immer der Sinn, die geistige Mitte des Satzes oder Absatzes außerhalb desselben im Folgenden, des ganzen Gedichts, wie sich noch zeigen wird, außerhalb desselben in der Seele des Lesers liegt. Kleists Weise zu beziehen unterscheidet sich insofern ganz außerordentlich von der anderer Dichter, als er eine offene Form schafft, wogegen die Dichtungen anderer Dichter entweder offen, ohne Form zu sein, oder geschlossene Form sind.

II. Kapitel

DAS GEFÜGE AUS GESTALTEN

PENTHESILEA wird frei, indem sie Achill und sich selbst tötet. Vorher war sie eine Gefangene, gefangen in der Bindung an den Amazonenstaat (das Gesetz der Tanais) und in ihrer Beziehung zu Achill. Dies Doppelt-gefangen-sein ist ihr Schicksal. Die Tragödie ist die Darstellung ihrer Befreiung.

Das Gedicht endet mit einer Szene, die, ganz ohne Handlung, nur durch die Stimmung wirkt. Penthesilea hat, in einer Art Wahnsinn, Achill getötet und grauenhaft verstümmelt. Nun steht sie wie eine Tote unter ihren Amazonen und schweigt. Immer schweigt sie, nur einmal entquillt eine Träne ihrem Auge. Dann kehrt ihr langsam die Besinnung wieder und mit ihr das Bewußtsein ihrer Tat. Aber ohne Reue bejaht sie, was geschehen ist. Sie küßt Achill und stirbt. Von dieser Stelle aus müssen wir „Penthesilea" verstehen, sie ist das Ziel, der Zweck, alles andere ist nur Mittel.

Am Schluß der „Penthesilea" fühlt der Zuschauer Freiheit, das Ziel ist Freiheit. Damit er Freiheit fühlen kann, muß er erstens fühlen, daß Penthesilea Achill töten m u ß, zweitens daß sie das Müssen bejaht.

Warum muß sie ihn töten? Der unmittelbare Anlaß der Katastrophe ist ein Irrtum: Achill fordert Penthesilea, nach der gewaltsamen Trennung durch die siegreichen Amazonen, zum Zweikampf. Er will zwar nur scheinbar kämpfen, in Wahrheit sich ihr gefangen geben und nach Themiscyra folgen, und glaubt: „sie tut mir nichts", (V. 2463). Er sendet ihr einen Herold:

„Mich sendet dir Achilleus, Königin . . .:
Weil dich Gelüst treibt, als Gefangnen ihn
Nach deinen Heimatfluren abzuführen,
Ihn aber auch hinwiederum Gelüst,
Nach seinen heimatlichen Fluren dich:
So fordert er zum Kampf, auf Tod und Leben,
Noch einmal dich ins Feld hinaus . . ."

(V. 2357—65, Bd. IV, S. 120)

Penthsilea aber mißversteht seine Absicht, sie glaubt, er wolle noch einmal, im Ernst, mit ihr kämpfen, obwohl sie, wie er weiß, ihn liebt und er sie bereits einmal besiegt hat, und so reagiert sie:

„So soll er in den Staub herab, und wenn
Lapithen und Giganten ihn beschützen!" (V. 2396/97, S. 121)

Wie begründet Kleist diesen Irrtum? Wir müssen jetzt weiter ausholen.

Penthesilea ist die Königin der Amazonen. Sie ist Amazone mit allen sich daraus ergebenden Konsequenzen: sie kann sich nur dem im Kampf bezwungenen Mann vermählen, und diesen Mann darf sie nicht selbst wählen, sondern sie muß annehmen, auf wen sie in der Schlacht trifft. Ihr Amazone-sein wird als unbedingt, als notwendige Bestimmung ihres Seins vorausgesetzt:

„Fluch mir, wenn ich die Schmach erlebte, Freundin!
Fluch mir, empfing ich jemals einen Mann,
den mir das Schwert nicht würdig zugeführt." (V. 1578/80. S. 82)

„Im blutigen Feld der Schlacht muß ich ihn suchen,
Den Jüngling, den mein Herz sich auserkor,
Und ihn mit ehrnen Armen mir ergreifen,
Den diese weiche Brust empfangen soll." (V. 1901—04, S. 98)[1]

Sie liebt aber Achill. Auch diese Liebe ist unbedingt, schlechthin absolute Bestimmung ihres Seins:

„. . . Wie aber ward mir,
O Freund, als ich dich selbst erblickte — !
. . . Geblendet stand ich, als du jetzt entwichen,
Vor der Erscheinung da — wie wenn zur Nachtzeit
Der Blitz vor einen Wanderer fällt, die Pforten
Elysiums, des glanzerfüllten, rasselnd,
Vor einem Geist sich öffnen und verschließen.
Im Augenblick, Pelid, erriet ich es,
Von wo mir das Gefühl zum Busen rauschte;
Der Gott der Liebe hatte mich ereilt.
Doch von zwei Dingen schnell beschloß ich eines,
Dich zu gewinnen oder umzukommen." (V. 2205—23, S. 110f)

Penthesilea steht vor einer doppelten Forderung: als Amazone sich den Mann nicht zu wählen nach ihrer Liebe, und wegen ihrer Liebe sich nur diesem Mann, nämlich Achill, zu verbinden. Beide Forderungen sind unausweichlich, und sie widersprechen sich.

Man könnte daher denken, der Grund, aus dem Penthesilea Achill töten muß, der also den verhängnisvollen Irrtum verursacht, wäre ihr Amazone-sein. Aber es ist nicht so.

Auf Achills Aufforderung zum Zweikampf antwortet Penthesilea:

(mit einer fliegenden Blässe)
Laß dir vom Wetterstrahl die Zunge lösen,
Verwünschter Redner, eh du weiter sprichst! . . .
(zu Prothoe)
— Du mußt es Wort für Wort mir wiederholen.
Prothoe: der Sohn des Peleus, glaub ich, schickt ihn her,
Und fordert dich aufs Feld hinaus;
Verweigre kurz dich ihm und sage: nein.

---

[1]) Der Gegensatz erscheint übrigens hier auch in jedem einzelnen Satz!

Penth.: Es ist nicht möglich.
Prothoe: Meine Königin?
Penth.: Der Sohn des Peleus fordert mich ins Feld?
Prothoe: Sag ich dem Mann gleich: nein, und laß ihn gehn?
Penth.: Der Sohn des Peleus fordert mich ins Feld?
Prothoe: Zum Kampf, ja, meine Herrscherin, so sagt ich.
Penth.: Der mich zu schwach weiß, sich mit ihm zu messen,
Der ruft zum Kampf mich, Prothoe, ins Feld?
Hier diese treue Brust, sie rührt ihn erst,
Wenn sie sein scharfer Speer zerschmetterte?
Was ich ihm zugeflüstert, hat sein Ohr
Mit der Musik der Rede bloß getroffen?
Des Tempels unter Wipfeln denkt er nicht,
Ein steinern Bild hat meine Hand bekränzt?
Prothoe: Vergiß den Unempfindlichen.
Penth.: (glühend) Nun denn,
So ward die Kraft mir jetzo, ihm zu stehen:
So soll er in den Staub herab, und wenn
Lapithen und Giganten ihn beschützen!
... Herbei, Ananke, Führerin der Hunde!
... Du mit den Elefanten, Thyrroe!
... Ihr Sichelwagen, kommt, ihr blinkenden ...
... Auf, Tigris, jetzt, dich brauch ich! Auf, Leäne!

(V. 2372—2432, S. 120ff)

Bevor Achills Bote auftrat, hatte Penthesilea erfahren, daß im Laufe des von ihr, um sich Achill zu gewinnen, fortgeführten Kampfes die Amazonen alle Gefangenen eingebüßt haben:

Penth.: *(wankend)* Prothoe!
Prothoe: Mein Schwesterherz!
Penth.: Ich bitte dich, bleib bei mir.
Prothoe: Im Tod, du weißt — — Was bebst du, meine Köniign?
Penth.: Nichts, es ist nichts, ich werde gleich mich sammeln.
Prothoe: Ein großer Schmerz traf dich. Begegn ihm groß.
Penth.: Sie sind verloren?
Prothoe: Meine Königin?
Penth.: Die ganze junge Prachtschar, die wir fällten? —
Sie sinds durch mich?
Prothoe: Beruhge dich. Du wirst sie
In einem andern Krieg uns wieder schenken.
Penth.: O niemals!
Prothoe: Meine Königin?
Penth.: O niemals!
Ich will in ewge Finsternis mich bergen!

(V. 2344—53, S. 118ff)

Dieser Szene voran geht die gewaltsame Trennung von Achill.

Wie ist die Lage, in der sich Penthesilea befindet? Denn aus ihr muß sich doch der Irrtum ergeben.

Penthesilea ist doppelt bezogen: sie ist Amazone und sie liebt Achill. Beide Bindungen sind schlechthin absolut, sind notwendige Bestimmungen ihres Seins. Sie ist, indem sie Amazone ist und Achill liebt. Aber die Gefangenen sind verloren, und Achill fordert sie zum Kampf.

Der Irrtum, der Anlaß der Katastrophe, bezieht sich unmittelbar nur auf die Beziehung zu Achill. Demnach ist diese Beziehung so, daß Penthesilea ihn töten muß; sie wird durch den Irrtum ausgedrückt. (Ausgedrückt; es liegt kein Kausalverhältnis vor: derart, daß der Irrtum Grund oder Folge der Lage Penthesileas wäre.)

Penthesialea muß Achill nicht töten, weil sie Amazone ist, als Amazone muß sie um den Geliebten kämpfen, nicht ihn morden. Das wird auch ausgesprochen von der Oberpriesterin, die in gewisser Weise das Gesetz der Tanais verkörpert:

> „War ichs, du — Menschen nicht mehr, wie nenn ich dich?
> Die diesen Mord dir schrecklich abgefordert?" (V. 2723/24, S. 140)

So ist, da sie ihn infolge des Irrtums tötet, auch dieser nicht durch das Amazonengesetz begründet. Da aber der Irrtum ihre Beziehung zu Achill ausdrückt, muß schon aus der Art dieser Beziehung selbst, auch unabhängig vom Amazonengesetz, die Ermordung Achills folgen. Unsere Frage nach der Begründung des Irrtums wird dadurch zu der Frage nach der Art der Beziehung zwischen Penthesilea und Achill.

Was fühlt Penthesilea? Sie ist Achill fremd geblieben, das fühlt sie: er fühlt sie nicht. Aber könnte sie ihn so mißverstehen, wenn sie ihn fühlte? Auch sie fühlt ihn nicht, auch er blieb ihr fremd. Penthesilea und Achill sind aneinander vorbei, sprechen aneinander vorbei. Obwohl die Beziehung zwischen ihnen eine notwendige Bestimmung ihres (Penthesileas) Seins ist — „vergiß den Unempfindlichen"; sie kann ihn nicht vergessen —, fühlt sie nicht ihn und er nicht sie, ist jeder wie gefangen in sich selber. Eine Kluft trennt sie. Es ist eine Beziehung zwischen ihnen. Aber sie ist gestört. Kleist dichtet eine gestörte Beziehung. Daß sie gestört ist, wird ausgedrückt durch den Irrtum. Der Grund für die Störung ist auch der Grund für den Irrtum. Von dieser Begründung hängt nun alles ab.

Penthesilea fragt[2]):

> „Der mich zu schwach weiß, sich mit ihm zu messen,
> Der ruft zum Kampf mich, Prothoe, ins Feld?
> Hier diese treue Brust, sie rührt ihn erst,
> Wenn sie sein scharfer Speer zuerschmetterte?
> Was ich ihm zugeflüstert, hat sein Ohr
> Mit der Musik der Rede bloß getroffen?
> Des Tempels unter Wipfeln denkt er nicht,
> Ein steinern Bild hat meine Hand bekränzt?"

---

[2]) Da wir nicht — interpretierend — die Handlung nachzeichnen, sondern die konstruktiven Verhältnisse erkennen wollen, müssen wir immer wieder zu bestimmten Punkten zurückkehren und daher schon angeführte Zitate wiederholen.

Noch glaubt Penthesilea nicht, daß Achill sie wirklich fordert, und ist also noch nicht zu einer Handlung gegen ihn entschlossen. Im nächsten Vers, den sie, nach einem Einwurf Prothoes, spricht:

„Nun denn,
so ward die Kraft mir jetzo, ihm zu stehen . . . "

ist ihr Entschluß gefaßt, die Katastrophe eingeleitet. Also muß man in diesen wenigen Versen den Grund ausgedrückt finden können, der Penthesilea bestimmt, Achill zu töten, wobei ihre Lage überhaupt, daß sie notwendig auf ihn bezogen existiert, zugrunde liegt.

Wir wollen diese Verse analysieren. Jeder Satz nennt Penthesilea und Achill, drückt die Beziehung zwischen ihnen aus. Penthesilea ist sich selbst nicht problematisch: sie selbst („diese treue Brust", „meine Hand", auch „der Tempel unter Wipfeln") wird ohne weitere Bestimmung als sich gewiß vorausgesetzt, Penthesilea hat — im Gefühl, wie Fricke zeigt — unmittelbare Gewißheit ihrer selbst[3]). Sie ist auf Achill bezogen. Er wird, im Gegensatz zu ihr, näher bestimmt, sie sagt von ihm: „der mich zu schwach weiß" und nennt ihn „ein steinern Bild"; in den mittleren Sätzen wird er nur mit „er" bezeichnet. Nun fällt auf, daß Achill hier, für Penthesilea, wiederum nur durch sie bestimmt wird: „Der mich zu schwach weiß, sich mit ihm zu messen . . .", dagegen über ihn an sich selber wird nichts gesagt. Das Reale in ihm, insofern er für Penthesilea Bedeutung und Wirklichkeit hat, sie — und mit ihr der Zuschauer — ihn fühlt, ist nicht er, als Gestalt an sich selber — sein Wesen, sein Schicksal, sein Denken, Fühlen, Wollen —, sondern die Bestimmung in ihm, die ihm durch sie geworden: daß er sie zu schwach weiß. Auf den ersten Satz, der die Beziehung zwischen Penthesilea und Achill und ihr Verhältnis zueinander, wie es, für Penthesilea, wirklich ist, darstellt, folgen zwei Sätze, die, bei bloßer Voraussetzung dieses Verhältnisses, Penthesileas Gefühl ausdrücken. Der vierte Satz beginnt noch wie der zweite und dritte: an den Anfang gestellt, wirklich empfunden wird Penthesilea selbst, obschon immer auf Achill bezogen: „Des Tempels unter Wipfeln denkt er nicht", bringt dann aber, scheinbar, doch eine Bestimmung Achills an sich selber: „ein steinern Bild", wobei wichtig ist, daß nun Achill an erster, Penthesilea an zweiter Stelle genannt wird. Aber diese Bezeichnung, wenn man genauer hinsieht, ist nun nicht eine sachlich begründete Kennzeichnung Achills, sondern ein Urteil Penthesileas über ihn, das entscheidende, das den Beginn der Katastrophe anzeigt[4]). — Wir sagten,

[3]) In einigen Werken Kleists, die vor „Penthesilea" gedichtet wurden, ist auch das Ich problematisch.

[4]) Damit ist die entscheidende Position der Tragödie erreicht; Penthesileas nächste Worte drücken den Entschluß aus, Achill zu töten. — Mehrere kurze Hinweise mögen

die Beziehung sei gestört. Hier wird deutlich, wie das gemeint ist. Alles real Erlebte und Gefühlte ist ausschließlich bei Penthesilea, sie fühlt, auch wenn sie „Achill" sagt, nur sich selbst. Was Achill, auf den bezogen sie existiert, an sich selber ist, fühlt und weiß sie nicht, und sie fragt auch nicht danach. Ihr ist lediglich gewiß, daß in ihrer Beziehung zu ihm, der als Wirklichkeit überwältigend in ihr Leben trat, ihr ganzes Sein, Leben und Tod, liegt, so daß sie mit dieser Beziehung auch ihr Sein aufgäbe. Aber zugleich, obwohl sie schlechthin absolut auf ihn bezogen ist, fühlt sie dennoch nicht ihn, sondern auch in ihm immer nur sich. Ihre Beziehung zu ihm ist fürchterlich einseitig: sie existiert in ihr, ohne das Andere, auf das sie bezogen ist, das Du, zu fühlen, das heißt ohne die Möglichkeit positiver Gemeinschaft und der in dieser gegebenen Freiheit.

Penthesilea wird, indem sie Achill tötet und selber stirbt, frei. Warum muß sie ihn töten? Der unmittelbare Anlaß ist ein Irrtum, sie mißversteht seine Aufforderung zum Zweikampf. Sie ist auf Achill und die Amazonen bezogen. Sie existiert nur in diesen Beziehungen; wenn sie sie aufgibt, gibt sie damit auch das eigene Sein auf. Die Beziehungen — auch die zu den Amazonen, wie unten gezeigt wird — sind aber gestört; Penthesilea fühlt sie nur, soweit sie selbst in ihnen existiert, sie fühlt aber nicht das Andere, auf das sie bezogen ist, das Du. Die Beziehungen, aus denen sie sich nicht lösen kann, müssen, wenn ihnen das, worauf bezogen wird, das Du, fehlt, fragwürdig werden, müssen sich selbst verneinen. Penthesilea muß in den Beziehungen existieren, und kann in ihnen nicht existieren, weil sie sich selbst verneinen. Sie existiert in Beziehungen ohne Du. Das heißt: sie existiert im Ich. Dabei ist das Ich nicht etwas, das für sich ist, sondern das ist, insofern es bezogen ist. Der Grund für die Störung ihrer Beziehung zu Achill

---

hier gestattet sein. Erstens: bei der Untersuchung der Prosasätze fanden wir, daß diese, soweit es sich um erzählende Sätze handelt, als die Darstellung einer Bewegung angesehen werden dürfen, zu einem Ziel hinführen; daß in der Folge der Sätze aufeinander der vorhergehende mit dem Zustand endet, mit dem der folgende beginnt, daß auch ein ganzer Absatz den Leser zum Beginn des nächsten leitet, und daß in der „Heiligen Cäcilie" der zweite Absatz zu einem Ziel führt, das ganz außerhalb der Novelle bleibt; daß ebenso gewisse Sätze („dergestalt, daß"), die auch von anderen Forschern als typisch dramatisch empfunden werden, in ihrer Mitte einen Punkt („dergestalt, daß") erkennen lassen, der innerhalb des Satzes ein jenseitiges Geschehen andeutet. Wir stehen hier (V. 2394) am entsprechenden Punkt in „Penthesilea". Zweitens: wir wollen zwar nicht morphologisch untersuchen, aber doch sei auf die Entsprechung zwischen der Beziehung Penthesileas zu Achill überhaupt und dem Bau dieser wichtigen Sätze hingewiesen. Drittens: Kleist hat einen kleinen Aufsatz über die „Allmähliche Verfertigung der Gedanken beim Reden" geschrieben; hier sehen wir ein Beispiel derartiger Gestaltung.

und damit für ihren Irrtum ist ihr Bezogen-sein ohne Du, ihr bloßes Ich-sein[5]).

Wir haben bisher zwei Punkte in die Mitte unserer Betrachtung gestellt: erstens den seelischen Zustand, den das Gedicht als Ganzes im Zuschauer erzeugt, dargestellt im 24. Auftritt: Penthesilea tötet Achill und sich selbst, und der Zuschauer fühlt Freiheit; zweitens Penthesileas Lage, aus der kein anderer Ausweg ist, als Achill und sich zu töten, dargestellt im 20. Auftritt: Penthesileas, obwohl sie nur in der Beziehung zu Achill existiert, bloßes Ich-sein. Alle übrigen Szenen haben nun keine andere Bedeutung, als diese Lage und ihre fürchterliche Ausweglosigkeit so deutlich zu machen, daß der Zuschauer fühlt: Penthesilea muß Achill töten. Denn wie wir schon sagten, damit Freiheit gefühlt werden kann, muß Notwendigkeit sein.

In einer dramatischen Dichtung muß der Dichter etwas, das außer der Zeit ist, in der Zeit darstellen. Im Zuschauer kann nur allmählich das Gefühl entstehen, das der Dichter braucht. Deswegen muß er ein Gefühl, einen Zustand der Seele, aber auch eine Situation oder Gestalt in einer größeren oder kleineren Anzahl von Versen aufbauen. Kleist will den Zuschauer fühlen lassen: Penthesilea existiert in gestörten Beziehungen, bezogen ohne Du. An der entscheidenden Stelle, im 20. Auftritt, hat er nicht die Zeit, diese Beziehungen deutlich zu machen: so bereitet er vor in den vorhergehenden Szenen.

Penthesilea existiert in gestörten Beziehungen. Der Grund für die Störung ist ihr Ich-sein. Das heißt, da sie überhaupt nur als die Gestalt, die existiert, indem sie bloßes Ich ist, gedichtet ist: der Grund ist ihr Penthesilea-sein. Das Penthesilea-sein wird dadurch ausgedrückt, daß sie, die Amazone ist und Achill liebt, beides, das sich widerspricht, zugleich sein will und, da sie nur in den Beziehungen existiert, sein muß, und daß sie darin einzig einer in ihr selbst liegenden — inneren — Notwendigkeit folgt, ohne auf das Eigensein der Amazonen oder Achills Rücksicht zu nehmen.

Sie ist Amazone:

„Fluch mir, wenn ich die Schmach erlebte, Freundin!
Fluch mir, empfing ich jemals einen Mann,
Den mir das Schwert nicht würdig zugeführt."

[5]) Die Untersuchung des ganzen Werks zeigt, daß die Aufgabe, vor die sich Kleist immer wieder gestellt sah, die gestörte Beziehung ist. Die Lösungen, die er als tragischer Dichter suchte, sind transzendent. Die Frage war: Wie kann der in gestörten Beziehungen existierende Mensch leben? Der erste und wichtigste Schritt zur Lösung ist die Begründung der Störung. Kleist hat die Störung in der Folge seiner Werke vesrchieden begründet und entsprechend verschiedeneLösungen gefunden. Die Entwicklung der Aufgabe, sichtbar in den aufeinander folgenden Begründungen und Lösungen, ist die innere Geschichte seines Dichtens. Im Abschnitt über die Chronologie wird versucht, diese innere Geschichte zu skizzieren.

Und zu Achill spricht sie:

„— Sie ist mir nicht,
Die Kunst vergönnt, die sanftere, der Frauen!
Nicht bei dem Fest, wie deines Landes Töchter
. . . darf ich mir den Geliebten ausersehn . . .
Im blutgen Feld der Schlacht muß ich ihn suchen,
Den Jüngling, den mein Herz sich auserkor . . .
Achill: Und woher quillt, von wannen ein Gesetz,
Unweiblich, du vergibst mir, unnatürlich,
Dem übrigen Geschlecht der Menschen fremd?
Penth.: Fern aus der Urne alles Heiligen,
O Jüngling: von der Zeiten Gipfeln nieder,
Den unbetretnen, die der Himmel ewig
In Wolkenduft geheimnisvoll verhüllt.
Der ersten Mütter Wort entschied es also,
Und dem verstummen wir, Neridensohn,
Wie deiner ersten Väter Worten du.“ (V. 1890—1914, S. 97f)

Und sie liebt Achill. Sie ist mit ihrem innersten Selbst an ihn gebunden, nicht durch ein Äußeres: das ist ihr Sein, daß sie an ihn gebunden ist. Das zeigt schon die Schilderung ihrer ersten Begegnung mit Achill (V. 63—71, S. 5), dem entspricht ihr den Griechen unbegreifliches Verhalten, daß sie einerseits Achill wie „die hungerheiße Wölfin“ verfolgt, andrerseits ihm das Leben rettet (V. 163—70, S. 9) und die unverdrossene Verfolgung Achills, an der sie sich auch nicht durch Stürze, bei denen andere umkommen würden, zurückhalten läßt (V. 282—350). Ihre Worte zu Achill im 15. Auftritt wurden schon zitiert:

„Der Gott der Liebe hatte mich ereilt.
Doch von zwei Dingen schnell beschloß ich eines,
Dich zu gewinnen oder umzukommen.“ (V. 2221/23, S. 111)

Penthesilea i s t, indem sie auf die Amazonen und Achill bezogen ist. Aber sie ist nicht selbstverständlich und frei in diesen Beziehungen. Wäre sie als Amazone frei, so würde sie durch das Gesetz der Tanais getragen und empfinge, wie Prothoe, heiter und dankbar den in der Schlacht angetroffenen Mann. Sie ist in der Beziehung zu den Amazonen unfrei, gefangen:

„Hier dieses Eisen soll, Gefährtinnen,
Soll mit der sanftesten Umarmung ihn
(Weil ich mit Eisen ihn umarmen muß!)
An meinen Busen schmerzlos niederziehn.“ (V. 856—59, S. 41)

Sie m u ß ihn mit Eisen umarmen. Und wo sie Achill die Notwendigkeit darstellt und aus der Vergangenheit herleitet, als Amazone kämpfend sich den Liebsten zu gewinnen, beginnt sie:

„Ach, Nereidensohn! — Sie ist mir nicht,
Die Kunst vergönnt, die sanftere, der Frauen!“ (s. o.)

Auch was die Oberpriesterin sagt:

„Was geht dem Volke der Pelide an?
— Ziemts einer Tochter Ares, Königin,
Im Kampf auf einen Namen sich zu stellen?

Ward solch ein Wahnsinn jemals noch erhört!" (V. 1043—53, S. 50)

„Die Königin, sagst du? Unmöglich, Freundin!
Von Amors Pfeil getroffen — wann? und wo?
Die Führerin des Diamantengürtels?" (V. 1080—82, S. 52)

„Es ist entsetzlich!" (V. 1087, S. 52)

hat keine andere Bedeutung, als die notwendige, aber gestörte Beziehung Penthesileas zu den Amazonen vorbereitend aufzubauen.

Aber auch in der Beziehung zu Achill ist Penthesilea unfrei. Das wird am deutlichsten bei der gewaltsamen Trennung durch die siegenden Amazonen nach dem langen Gespräch zwischen Achill und der Königin:

Penth.: „O Neridensohn!
Du willst mir nicht nach Themiscyra folgen?
Du willst mir nicht zu jenem Tempel folgen,
Der aus den fernen Eichenwipfeln ragt?
Komm her, ich sagte dir noch alles nicht —
Achill: Nach Phytia, Königin.
Penth.: O! — Nach Themiscyra!
O! Freund! Nach Themiscyra, sag ich dir,
Wo Dianas Tempel aus den Eichen ragt!
Doch, doch, o Freund! Nach Themiscyra noch,
Wo Dianas Tempel aus den Wipfeln ragt!
Achill: So mußt du mir vergeben, Teuerste;
Ich bau dir solchen Tempel bei mir auf.
(Die Amazonen drängen sich zwischen Achill und die Königin)
Penth.: *(ihn nach sich ziehend)*
Du folgst mir nicht? Folgst nicht?" (V. 2282—97, S. 115f)

Schon im Gespräch reden Penthesilea und Achill an einander vorbei. Sie erzählt von ihrem Frauenstaat. Sie stockt und sieht ihn an:

„Warum lächelst du?
Achill: Wer? Ich?
Penth.: Mich dünkt, du lächelst, Lieber.
Achill: — Deiner Schöne.
Ich war zerstreut. Vergib. Ich dachte eben,
Ob du mir aus dem Monde niederstiegst? —" (V. 2032—35, S. 103)

Nach einer Pause fährt Penthesilea in ihrer Erzählung fort. Etwas später unterbricht sie sich wieder:

„Was träumst du?
Achill: Ich?
Penth.: Du.
Achill: Geliebte, mehr
Als ich in Worte fassen kann." (V. 2090/91, S. 105)

Was wir oben bei der Betrachtung des 20. Auftritts fanden, daß die Beziehung gleichsam zerschnitten ist, das sehen wir wieder: wohl ist das Gegenüber da, aber die Töne, die von ihm kommen, sind fremd und stehen in keinem Wechselbezug zu den eigenen Worten. Weder Penthesilea noch Achill fühlt den Andern, jeder nur sich selber[6]).

Wir sind bei unserer Untersuchung rückwärts vom Ziel — der Katastrophe und der in dieser gefühlten Freiheit — zurückgegangen, indem wir nach der Begründung fragten, fanden dabei Penthesileas Irrtum, der wiederum Ausdruck ihrer gestörten Beziehung zu Achill ist, und erkannten endlich als Grund für die Störung, damit den Irrtum, damit die Katastrophe Penthesileas Art zu sein: notwendig bezogen, ohne das Du, auf das sie bezogen ist, zu fühlen. Wir müssen nun, nachdem wir, nach dem ersten bestimmenden Gesamteindruck, die Elemente ihres Seins einzeln — daß sie in zwei sich widersprechenden Beziehungen existiert, die aber beide gestört sind — uns verdeutlicht, versuchen, Penthesilea als Gestalt im ganzen möglichst lebend in die Anschauung zu bekommen; denn nur so werden wir verstehen, daß ihre Tat notwendig aus ihrer Art zu sein folgt.

Sie tritt an der Spitze der Amazonen auf (5. Szene):

Amazonen: Heil dir, du Siegerin . . .
Penth.: Nichts vom Triumph mir! Nichts vom Rosenfeste!
Es ruft die Schlacht noch einmal mich ins Feld.
Den jungen trotzgen Kriegsgott bändg ich mir,
Gefährtinnen, zehntausend Sonnen dünken,
Zu einem Glutball eingeschmelzt, so glanzvoll
Nicht, als ein Sieg, ein Sieg mir über ihn.

---

[6]) Nur der 19. Auftritt bildet eine Ausnahme: Penthesilea sagt nach der Befreiung durch die Amazonen:

Verflucht sei dieser schändliche Triumph mir!
Verflucht jedwede Zunge, die ihn feiert,
Die Luft verflucht mir, die ihn weiterträgt!
War ich nach jeder würdgen Rittersitte,
Nicht durch das Glück der Schlacht ihm zugefallen?
— Neridensohn!

An dieser Stelle gibt sich Penthesilea wirklich Achill zu eigen, ist sie in positiver Beziehung zu Achill. Aber auch nur, indem sie ihr Amazone-sein aufgibt. Sie ist frei unter einer Bedingung, die nicht möglich ist, wie sie im 15. Auftritt als Amazone frei war auf Grund der Täuschung, sie habe Achill besiegt. — Wir sehen auf Grund der Täuschung, sie habe Achill besiegt. — Wir sehen noch nicht auf die strukturellen Verhältnisse, den Bau. Daß ein tiefer — sittlicher — Unterschied zwischen Penthesilea und Achill eine positive Beziehung zwischen ihnen unmöglich macht, wird sich erst im weiteren Gang der Untersuchung herausstellen. Da hier nur wichtig ist, daß Penthesilea und Achill aneinander vorbeileben, dürfen wir sie noch als Partner auffassen. Doch wird schon in dem, wie oberflächlich Achill Penthesileas Amazone-sein versteht, gefühlt, daß beide sittlich auf verschiedenen Ebenen stehen.

Prothoe: Geliebte, ich beschwöre dich —
Penth.: Laß mich!
Du hörst, was ich beschloß, eh würdest du
Den Strom, wenn er herab von Bergen schießt,
Als meiner Seele Donnersturz regieren." (V. 626—37, S. 32)

Wir sagten, Penthesileas Ich-sein, ihr Penthesilea-sein, das sich in den gestörten Beziehungen ausdrückt, werde anschaulich dargestellt dadurch, daß sie in Beziehungen, zu den Amazonen und zu Achill, die sich widersprechen, zugleich existieren will und muß. So will sie ihn „zu ihrer Füße Staub sehen" (V. 638, S. 32) und sich „ins Schlachtgetümmel stürzen" und ihn sich „überwinden oder leben nicht" (V. 653—55, S. 33).

„Die Lust, ihr Götter, müßt ihr mir gewähren,
Den einen heißersehnten Jüngling siegreich
Zum Staub mit noch der Füße hinzuwerfen.
Das ganze Maß an Glück erlaß ich euch,
Das meinen Leben zugemessen ist. —" (V. 843—47, S. 40f)

Nicht eher ruhn will ich, bis ich aus Lüften,
Gleich einem schön gefärbten Vogel, ihn
Zu mir herabstürzt; doch liegt er jetzt
Mit eingeknickten Fittichen, ihr Jungfraun,
Zu Füßen mir, kein Purpurstäubchen missend,
Nun dann, so mögen alle Seligen
Daniedersteigen, unsern Sieg zu feiern . . . (V. 863—69, S. 41)

Besonders eindringlich zeigt sich Penthesileas Art zu sein in Versen wie:

„Ha, sieh! Verwünscht das Los mit dieses Tages!
Wie mit dem Schicksal heut, dem tückischen,
Sich meiner Seele liebste Freundinnen
Verbünden, mir zu schaden, mich zu kränken!
Wo sich die Hand, die lüsterne, nur regt,
Den Ruhm, wenn er bei mir vorbeifleucht,
Bei seinem goldnen Lockenhaar zu fassen,
Tritt eine Macht mir hämisch in den Weg —
— Und Trotz ist, Widerspruch die Seele mir!" (V. 672—80, S. 33f)

und:

„Nein, eh ich, was so herrlich mir begonnen,
So groß, nicht endige, eh ich nicht völlig
Den Kranz, der mir die Stirn umrauscht, erfasse,
Eh ich Mars Töchter nicht, wie ich versprach,
Jetzt auf des Glückes Gipfel jauchzend führe,
Eh möge seine Pyramide schmetternd
Zusammenbrechen über mich und sie:
Verflucht das Herz, das sich nicht mäßgen kann." (V. 713—20, S. 35)

— diesen letzten Vers dürfen wir als reinste Äußerung ihres Wesens ansehen — oder:

„Ich nur, ich weiß den Göttersohn zu fällen." (V. 855, S. 41)

Penthesilea trifft in der Schlacht mit Achill zusammen und unterliegt. Sie wird von mehreren Amazonen wankend herangeführt (9. Auftritt). Penthesilea mit schwacher Stimme:

„Hetzt alle Hund auf ihn! Mit Feuerbränden
Die Elefanten peitschet auf ihn los!
Mit Sichelwagen schmettert auf ihn ein,
Und mähet seine üppgen Glieder nieder!

Mir diesen Busen zu zerschmettern, Prothoe!“

(V. 1169—76, S. 56f)

Hier wird die Reaktion im 20. Auftritt („Auf Tigris ...“) vorweggenommen. Es ist die Reaktion des in seiner Existenz bedrohten Ich („Mir diesen Busen zu zerschmettern ...“). Dabei ist das Ich wieder nicht an sich, sondern bezogen:

„— Ists nicht, als ob ich eine Leier zürnend
Zertreten wollte, weil sie still für sich,
Im Zug des Nachtwinds, meinen Namen flüstert?
Dem Bären kauert ich zu Füßen mich,
Und streichelte das Panthertier, das mir
In solcher Regung nahte, wie ich ihm.“ (V. 1177—82, S. 57)

Wie ausschließlich Penthesilea, obschon bezogen („ — O Aphrodite!“), als Ich existiert, fühlt, will, zeigen auch diese Verse:

„Daß der ganze Frühlung
Verdorrte! Daß der Stern, auf dem wir atmen,
Geknickt, gleich dieser Rosen einer, läge!
Daß ich den ganzen Kranz der Welten so,
Wie dies Geflecht der Blumen, lösen könnte!
— O Aphrodite!“ (V. 1225—30, S. 59f)

und diese, in denen man Kleist selbst zu hören meint, die sie wenig später auf Prothoes Bitte, sich zu retten, spricht — man beachte, wie das Ich in der Mitte ihres Fühlens steht:

„Wenn es mir möglich wär! — Wenn ichs vermöchte —!
Das Äußerste, das Menschenkräfte leisten,
Hab ich getan — Umnögliches versucht —
Mein Alles hab ich an den Wurf gesetzt;
Der Würfel, der entscheidet, liegt, er liegt:
Begreifen muß ichs — — und daß ich verlor.“ (V. 1301—06, S. 64)

In einem Bild wird schaubar, wie sehr sie in sich gefangen ist, das heißt, ist, ohne mit ihrem Sein das Sein des Anderen wirklich zu treffen: Sie will den Ida auf den Ossa wälzen und Helios bei „seinen Flammenhaaren“ zu sich herniederziehn, und da sie das Spiegelbild der Sonne im Fluß sieht, will sie sich in den Fluß stürzen: „... Da liegt er mir zu Füßen ja! Nimm mich — “ (V. 1387, S. 69). Einen anderen Sinn, als zu zeigen, wie Penthesilea mit ihrer Existenz fürchterlich am Anderen, am Du vorbeigeht, kann dieses Bild nicht haben.

Und so spricht sie dann im 15. Auftritt — Achill hat sie besiegt und sie ist seine Gefangene, aber sie wird getäuscht, er sei ihr Gefangener; das große Gespräch ist nur durch diese Täuschung möglich —:

„Der junge Nereidensohn ist mein!" (V. 1628, S. 85)

und — man bedenke, das ist ihre Anrede an den Geliebten —:

„Nun denn, so grüß ich dich mit diesem Kuß,
Unbändigster der Menschen, mein! Ich bins,
Du junger Kriegsgott, der du angehörst;
Wenn man im Volk dich fragt, so nennst du mich." (V. 1808—11, S. 93)

Es folgt das Gespräch, in dem Penthesilea und Achill aneinander vorbeireden, da jeder nur sich selber fühlt.

Um eine Dichtung zu verstehen, muß man vor allem verstehen, wie sie gebaut ist. Bau — das sind in der Dichtung die Grundverhältnisse zwischen den Gestalten und zwischen dem Helden und seinem Schicksal. Man muß den Bau unterscheiden von der Gestaltung des Baus, dem Aufbau der Handlung[7]).

Wie ist „Penthesilea" gebaut?

In der Mitte steht Penthesilea, die Königin der Amazonen. Sie ist die Hauptperson, ihr Schicksal bewegt den Zuschauer. Sie ist doppelt bezogen: sie ist Amazone und sie liebt Achill.

Von den beiden Beziehungen ist die Liebe zu Achill die wichtigere: Penthesilea tötet Achill, das ist der eigentliche Gegenstand der Darstellung. Ferner: Es bewegt den Zuschauer, daß die Liebe zerbricht, dagegen daß das Verhältnis zu den Amazonen zerbricht, ist ihm gleichgültig.

Achill ist keine in sich einheitliche Gestalt mit einem eigenen Schicksal[8]). Er ist nicht aus sich selber, sondern nur aus Penthesilea zu verstehen. Er ist, wie Fricke das auch von Jupiter im „Amphitryon" sagt,

[7]) Ein Beispiel dafür, daß der innere Bau und der Aufbau der Handlung nicht übereinzustimmen brauchen, ist der „Zerbrochene Krug". Das Lustspiel ist von der Beziehung Eves und Ruprechts aus gebaut, im Mittelpunkt der Handlung stehen aber der Dorfrichter Adam, sein Abenteuer und seine Entlassung.

[8]) Runde, plastische Gestalten sind weder Penthesilea noch Achill. Aber Penthesilea, im Gegensatz zu Achill, ist als Träger des Gefühls doch in sich einheitlich. Die meisten Gestalten Kleists sind keine runden, plastischen Gestalten. Nur Kohlhaas und die Gestalten im „Zerbrochenen Krug" sind wirklich gestaltet. Man merkt das daran, daß sie sich dem Gedächtnis einprägen, ja daß man sie auch in Situationen vor sich sieht, die vom Dichter nicht gezeigt werden. So kann man sich Eve vorstellen, wie sie ihre Arbeit tut oder mit Freundinnen scherzt, Ruprecht etwa, wie er zupackt, wenn ihm der Wagen stecken blieb, wie er geht, sich bewegt, ißt, Kohlhaas, wie er mit seinen Kunden verhandelt, seine Sprechweise, seinen Gang. Aber bei Kleists übrigen Gestalten muß man sich immer verständesmäßig klar machen, wie sie als

Hilfskonstruktion. Damit Penthesileas Liebe zu ihm begründet sei, muß er der Besieger Hektors, der sich von den übrigen Griechen unterscheidende Held sein, und scheint einerseits Penthesilea ebenbürtig. Auf der anderen Seite, damit jener verhängnisvolle Irrtum möglich sei, auf Grund dessen Penthesilea ihn tötet, muß er, ein schwärmender Jüngling, ihr freiwillig nach Themiscyra folgen, sich ihr gefangen geben wollen. Aber während Penthesileas Liebe zu ihm gefühlt und notwendig ist, wirken seine Handlungen gegen sie zufällig. Seine Aufforderung zum Zweikampf ist von Penthesilea aus gesehen fürchterliche Tragik, von ihm aus gesehen wirkt sie als Dummheit und Oberflächlichkeit. Denn entweder ist er Penthesilea ebenbürtig: dann kann er nicht anders als aus seinem innersten Wesen handeln; das würde heißen: er ist Grieche und hatte gesprochen: „Nach Phtia, Königin!", dann kann er nicht freiwillig nach Themiscyra folgen. Oder er handelt nicht notwendig aus seinem Wesen: dann aber ist er Penthesilea nicht ebenbürtig und jede positive Beziehung zwischen ihnen ein Mißverhältnis (vgl. oben S. 6).

Ebenso schwer wie dieser Zwiespalt in der Gestalt Achills wiegt, daß er kein eigenes Schicksal hat. Während Penthesilea, doppelt bezogen, kämpfend das Ja zu ihrem Schicksal finden muß, gibt es für Achill, der, wie Odysseus sagt, „weil sich was andres Buntes zeigt", der Hellenen Streit im Stich lassen will, nur die Liebe zu Penthesilea und keinen inneren Kampf und kein Schicksal, das er bejahen könnte.

Endlich macht auch das Folgende den Unterschied zwischen den beiden Gestalten deutlich. Man könnte sich damit abfinden, daß, wenn Penthesilea von einer guten Schauspielerin dargestellt wird, Achill mäßig gespielt wird; die Dichtung würde trotzdem wirken. Alle Wirkung würde aber zunichte, wenn, während Penthesilea schlecht gespielt wird, Achill von einem besonders guten Schauspieler dargestellt würde.

Penthesilea steht also in der Mitte. Sie ist auf Achill bezogen. Aber Achill ist keine in sich einheitliche Gestalt, er hat kein eigenes Schicksal, er ist ihr nicht ebenbürtig, gleichgewichtig: er ist Hilfskonstruktion. Dadurch wird das Gedicht statt zum Dialog zum Monolog, statt zu der Geschichte von der Liebe von zwei Menschen zu der Geschichte von der Liebe eines Menschen. Der Zuschauer fühlt in Penthesilea. Er fühlt nicht Achill, sondern er fühlt Penthesileas Beziehung zu ihm. Penthesilea und Achill sind nicht zusammen, als Ich und Du, gefühlt, sie sind im Bau nicht als Einheit angelegt, das Gedicht ist auf Penthesilea,

---

Gestalten gemeint sind. Wahrscheinlich werden von Kleists Gedichten nur der „Zerbrochene Krug" und der „Kohlhaas" immer, die übrigen aber, weil sie im Zuschauer oder Leser Kleists eigentümliche Seelenlage voraussetzen, nur in bestimmten Zeiten und unter besonderen Bedingungen wirken.

nicht auf beide, sie und Achill, gebaut, es ist Monolog, wenn man so sagen darf, Monodichtung. Wir haben, bei der Betrachtung vom Inhalt aus, gesehen, daß Penthesileas Beziehung zu Achill gestört ist: sie fühlt, auch in Achill, immer nur sich selbst. Nun zeigt sich, daß eine Beziehung zwischen ihnen auch gar nicht möglich ist, weil das Gedicht nicht auf beide gebaut ist, weil sie nicht als Einheit erlebt sind, ja weil Achill als Du, das Penthesilea liebt, nur da zu sein scheint, tatsächlich aber, für einen Geist, der von außen die Gestalten des Gedichts als das, was sie sind, nicht was sie scheinen, übersieht, gar nicht da ist[9]). Eine positive Beziehung zwischen Penthesilea und Achill könnte nur sein, wenn sie zusammen vom Dichter, als Einheit, erlebt und gefühlt wären. Im Bau drückt sich das Gefühl des Dichters ganz rein aus, sogar gegen sein bewußtes Wollen — auch Achill scheint ja von Kleist wirklich als Gestalt, wie Penthesilea und ihr ebenbürtig, gemeint zu sein. Offenbar hatte Kleist, als er „Penthesilea" dichtete, Gemeinschaft, als reale und heile Beziehung zwischen einem Ich und einem Du und das wechselseitig, als Wirklichkeit noch nicht erlebt. So daß also die letzte Ursache für Penthesileas Tragik: zu existieren, bezogen, ohne das Du, auf das sie bezogen ist, zu fühlen, im Erleben des Dichters liegt, das sich ganz rein nur im Bau äußert[10]).

Kleist hat erlebt, daß die Beziehung des Menschen zum Du gestört sein kann, daß er trotzdem in dieser Beziehung leben muß, weil er nur ist,

---

[9]) Bau und Aufbau der Handlung sind eben nicht dasselbe.

[10]) Kleist selbst setzt „Penthesilea" und „Käthchen von Heilbronn" in Beziehung. Ein bedeutsamer Unterschied ist, daß in „Penthesilea" nur Penthesilea einer schaubar schicksalhaften Bestimmung zu Achill folgt, ausgedrückt durch den Spruch Otreres, während im „Käthchen" das übersinnliche Erleben, das Käthchens und des Grafen Bestimmung zu einander ausdrückt, der Silvesternachtstraum, beiden gemeinsam ist. Ferner sind im Bau Penthesilea und Achill nicht aufeinander bezogen, während Käthchen und der Graf (siehe die Interpretation S. 102 ff.) im Bau aufeinander bezogen sind, wenn auch, wie wir sehen werden, mit Hilfe eines merkwürdigen Kunstgriffs. — Der Kuß am Schluß der „Penthesilea" kann verschieden interpretiert werden. Entweder er drückt nichts anderes aus, als daß die Beziehung Penthesileas zu Achill bis zu ihrem Tod bestehen bleibt: sie haben keine Gemeinschaft, aber sie ist weiter, diesseitig, auf ihn bezogen; die Freiheit ist ja jenseitig. Wenn wir den Kuß so verstehen, ist er an sich überflüssig, jedoch nicht falsch. Oder der Kuß soll doch Gemeinschaft ausdrücken. Dann wäre er dichterisch falsch, denn da Penthesilea und Achill im Bau nicht als Einheit angelegt sind, kann auch in der Darstellung keine positive Beziehung zwischen ihnen sein. Der Kuß wäre dann nicht von der Form her notwendig, sondern Ausdruck eines subjektiven Wunsches. — Man vergleiche jeweils die Lösungen, wie sie inhaltlich in der Darstellung erschienen: „Penthesilea" ist auf Penthesilea allein gebaut; „Käthchen von Heilbronn" auf Käthchen und den Grafen; der „Zerbrochene Krug" ist auf die Beziehung Ruprechts und Eves gebaut, beide sind zusammen gefühlt; „Findling", „Amphitryon", „Marquise von O.", „Kohlhaas" sind jeweils auf eine Gestalt, der „Zweikampf" ist auf Friedrich und Littegarde gebaut.

insofern er bezogen ist, und daß die Lage des Menschen, der in dieser gestörten Beziehung leben muß, ausweglos und verzweifelt ist. Dies ist die Aufgabe, vor die er sich als Dichter (d. i. als Mensch wie auch als Handwerker, als Künstler) gestellt sieht. Er ist tragischer Dichter, sein Ziel, die Lösung dieser Aufgabe, ist Freiheit. Er hat, wie die Untersuchung zeigte, Gemeinschaft als Einheit zweier Menschen noch nicht erlebt, er baut sein Gedicht auf Penthesilea, die allein in der Mitte steht. Warum ist sie Amazone? Würde Kleist sein Erleben episch, als Roman, gestalten, so könnte er die gestörte Beziehung sich entwickeln und bis zur Katastrophe steigern lassen. Er brauchte außer Penthesilea und Achill keine weiteren Gestalten, denn damit die Situation, auch für das Gefühl des Lesers, ausweglos sei, müßte er nur die seelischen Vorgänge in ihnen beschreiben. Aber er hat die Aufgabe als tragische erlebt und sucht die tragische Lösung. Er muß die gestörte Beziehung als Konflikt darstellen. So macht er Penthesilea zur Amazonenkönigin, die ist, indem sie auf Achill und die Amazonen bezogen ist, die aber in diesen Beziehungen nicht leben kann, weil sie gestört sind[11]).

Penthesileas Schicksal ist ihre Art zu sein, „ihr eigen töricht Herz" (Prothoe). Diese Art zu sein wird aber so dargestellt, daß sie mit letztem Einsatz zwei sich widersprechende notwendige Beziehungen in Übereinstimmung zu bringen suchen muß. Dadurch kann der Anschein entstehen, als bewirkten die sich widersprechenden Beziehungen

---

[11]) Wenn man eine Dichtung auf ihren Bau hin untersucht, darf man nicht nach den causalen Verhältnissen von Ursache und Folge fragen. Penthesileas Lage, der Konflikt, ist nicht ausweglos, weil sie Amazone ist, sondern sie ist Amazone, damit der Konflikt ausweglos sei. — Indem Kleist Penthesilea, die spricht: „Ich sage vom Gesetz der Fraun mich los, und folge diesem Jüngling hier." (V. 2994/95) vom Gesetz der Tanais zu Achill frei werden läßt, scheint es nur, als werde das Unglück durch das Amazonengesetz verursacht und als wäre Penthesilea primär Amazone, die Störung der Beziehung zu Achill eine Folge davon. Das Amazonengesetz wäre Ausdruck der „gebrechlichen Einrichtung der Welt", die, was Fricke nachgewiesen, für Kleist der inneren, religiös begründeten Sicherheit des Gefühls, dem eigentlichen Bei-sich-selber-sein des Menschen in seiner göttlichen Bestimmung entgegensteht. Es wirkte unmittelbar allerdings bloß durch den Zufall. Nun ist gewiß, daß die Vorstellung der gebrechlichen Einrichtung der Welt, die den Menschen hindert, er selber zu sein, im Amazonengesetz und dessen Wirken angetroffen wird. Für den Forscher, der Kleists Grundgefühl aufspüren will, würde diese Feststellung auch genügen. Er würde sagen: die unwahr geordnete, chaotische Welt und die gestörte Beziehung zum Du sind gewissermaßen das Außen und Innen desselben Erlebens; denn die falsche Ordnung in der Welt wird aktuell in der Beziehung zum Du, und wenn die Beziehungen zum Du gestört sind, muß notwendig die Welt als nicht geordnet gefühlt werden. Wir indessen, die wir immer vom Handwerklichen ausgehen und nach dem Bau fragen, nach dem, wie sich in der Architektonik des Dichtwerks das Erleben darstellt, insofern es Aufgabe und Lösung ist, müssen, eben im Hinblick auf die Lösung, genauer unterscheiden.

Penthesileas Untergang und wäre dieser Widerspruch ihr Schicksal. Das trifft aber, wie gezeigt wurde, nicht zu.

„Penthesilea" ist zwischen zwei feste Punkte gespannt, es hat einen bestimmten Anfang und ein bestimmtes Ende. Der Anfang ist die gestörte Beziehung, die ausweglose Situation, in der sich Penthesilea im 20. Auftritt befindet. Das Ende ist ein Zustand der Seele, den wir Freiheit nennen, der im letzten Auftritt dargestellt wird.

Wir sind bei unserer Untersuchung von der Schlußszene ausgegangen: Penthesilea hat Achill getötet. Sie steht wie eine Tote unter den Amazonen. Wie ihr das Bewußtsein wiederkehrt und sie verstehen muß, daß Achill, den sie mit ihren Hunden zerrissen hat, gekommen war, unbewaffnet, um sich ihr zu Füßen zu legen, nicht, wie sie ihn mißverstanden hatte, um mit ihr zu kämpfen: fühlt sie nicht Reue, sie bejaht das Geschehene und tötet sich selbst. Das Gefühl im Zuschauer ist ein eigentümliches Gefühl des Todes und, im Tod, von Freiheit. Penthesilea fragt:

„Wie kam es denn, daß er sich nicht gewehrt?
Oberpriest.: Er liebte dich, Unseligste! Gefangen
Wollt er sich dir ergeben, darum naht' er!
Darum zum Kampfe fordert er dich auf!
Die Brust voll süßen Friedens kam er her,
Um dir zum Tempel Artemis' zu folgen.
Doch du —
Penth.: So, so —
Oberpr.: Du trafst ihn —
Penth.: Ich zerriß ihn?
Prothoe: O meine Königin!
Penth.: Oder war es anders?
Meroe: Die Gräßliche!
Penth.: Küßt ich ihn tot?
Priest.: O Himmel!
Penth.: Nicht? Küßt ich nicht? Zerrissen wirklich? Sprecht!
Oberpr.: Weh! Wehe ruf ich dir. Verberge dich!
Laß fürder ewge Mitternacht dich decken!
Penth.: — So war es ein Versehen. Küsse, Bisse,
Das reimt sich, und wer recht von Herzen liebt,
Kann schon das eine für das andre greifen." (V. 2951—65, S. 155ff)

Sie bejaht, was sie getan hat. Ihre letzten Worte drücken nicht Verzweiflung aus, sondern Notwendigkeit. Verzweiflung war in ihr, als alles um sie zusammenbrach, die Gefangenen verloren waren und von Achill die Aufforderung zum Kampf kam, als sie in einer Situation leben mußte, in der sie nicht leben konnte, als sie in der fürchterlichen Lage war, den Geliebten töten zu müssen. Aber jetzt ist in ihr nicht mehr Verzweiflung, nur noch die Notwendigkeit zu sterben. Denn ihre Entscheidung, Achill zu töten („ . . . so ward die Kraft mir jetzo, ihm zu stehen . . .“), war zugleich die Entscheidung zu sterben. Als sie sich zu der letzten Konsequenz ihrer Lage entschloß, schritt sie gleichsam aus dieser Welt in das Reich des Todes, in einen Raum jenseits des Lebens. So spricht sie, bevor sie die Leiche Achills gesehen:

„O sagt mir! — Bin ich in Elysium?
Bist du der ewig jungen Nypmhen eine . . .“ (V. 2826/27, S. 148)

und etwas später:

„Ich bin so selig, Schwester! Überselig!
Ganz reif zum Tod, o Diana, fühl ich mich!“ (V. 2846/47, S. 149)

Mit den Amazonen verbindet sie nichts mehr:

„— Ich will dir sagen, Prothoe,
Ich sage vom Gesetz der Fraun mich los . . .“ (V. 2993/94, S. 158)

Und sie stirbt mit den Worten:

„Und diesem Dolch jetzt reich ich meine Brust:
So! So! So! So! Und wieder. — Nun ists gut.“ (V. 3015/16, S. 159)

Die gestörte Beziehung zu Achill, die, in der Darstellung, für Penthesilea ausweglose Situation wird, weil sie Amazone ist, ihre Gefangenschaft im Ich, ist ein Zustand, der im Kern des Gedichts angelegt ist dadurch, daß Achill als selbständige Gestalt nicht gedichtet ist, und der vom ersten bis zum letzten Vers gefühlt wird. Er wird nicht aufgehoben durch irgendeine Lösung, so daß man zuerst von der Gefangenschaft Penthesileas und später von ihrer Freiheit sprechen könnte. Sie tötet ja, wodurch die Gefangenschaft, die gestörte Beziehung, ausgedrückt wird, am Schluß des Gedichts Achill und sich; wobei man sich darüber klar sein muß, das Achills Tod und ihr Tod nur in der Darstellung aufeinanderfolgen, weil der Dichter das seelische Geschehen auseinanderfalten muß, während eigentlich Penthesilea stirbt, indem sie Achill tötet. Sie ist Penthesilea. Penthesilea sein heißt, sie *ist* in der Beziehung zu Achill, aber so (indem sie ihn nicht fühlt, als bloßes Ich), daß sie ihn töten muß. Sie muß ihr Sein erfüllen. Sie ist auch noch im Tod Penthesilea. Sie ist ihrem Sein nicht ausgewichen, sie hat es erfüllt. Ihre letzten Worte sind: „Nun ists gut.“

Über das ganze Gedicht verstreut sind Verse, die Penthesileas (und des Zuschauers) Nähe zum Tod ausdrücken. Schon ihre erste Rede endet: „ . . . will ihn mir überwinden oder leben nicht!“ Rücksichtslos, ohne ihr Leben zu schonen, kämpft sie um Achill. Andere Verse sind:

„Ach meine Seel ist matt bis in den Tod!“ (V. 1236, S. 60)
„Zum Tode war ich nie so reif als jetzt.“ (V. 1681, S. 87)
„Doch von zwei Dingen schnell beschloß ich eines,
Dich zu gewinnen oder umzukommen.“ (V. 2222/23, S. 111)

Besonders stark wird der Tod als gegenwärtig gefühlt in der 9. Szene[12]), die in gewisser Weise den Schluß des Dramas vorwegnimmt, und in ihr vor allem in einigen Versen, in denen man Kleist unmittelbar zu hören meint:

„Das Äußerste, das Menschenkräfte leisten,
Hab ich getan — Unmögliches versucht —
Mein Alles hab ich an den Wurf gesetzt;
Der Würfel, der entscheidet, liegt, er liegt:
Begreifen muß ichs — — und daß ich verlor.“ (V. 1302—06, S. 64)

Hier mag auch der Ort sein, auf ein Bild hinzuweisen, ähnlich dem in der „Marquise von O.“, wo der Graf die Marquise einen Schwan träumt, den er mit Kot bewirft. Die Oberpriesterin hatte die Mädchen ausgeschickt, Rosen zu pflücken. Das dritte Mädchen erzählt:

„Auf eines Felsens Vorsprung wagt ich mich,
Um eine einzge Rose dir zu pflücken.
Und blaß nur, durch des Kelches Dunkelgrün,
Erschimmert sie noch, ein Knösplein nur,
Für volle Liebe noch nicht aufgeblüht.
Doch greif ich sie, und strauchl und sinke plötzlich
In einen Abgrund hin, der Nacht des Todes
Glaubt ich, Verlorne, in den Schoß zu sinken.
Mein Glück doch wars, denn eine Rosenpracht
Stand hier im Flor, daß wir zehn Siege noch
Der Amazonen hätten feiern können.“ (V. 907—17, S. 43 f)

Immerhin scheint möglich, dies Bild, wie auch das in der „Marquise von O“, als sinnbildliche Deutung des Gedichts anzusehen. Dann würde die in dieser Arbeit vorgetragene Interpretation der „Penthesilea“ auch direkt von Kleist gestützt — bei unserer Weise zu verstehen müssen wir ja sonst auf direkte Hinweise und Deutungen des Dichters verzichten.

Das Ziel der „Penthesilea“ ist Freiheit, am Schluß fühlt der Zuschauer Freiheit. Der Weg ist, daß Penthesilea Achill und sich tötet. Freiheit ist ein Zustand der Seele. Penthesilea befindet sich, seit sie die letzte Konsequenz ihrer Lage zog, den Entschluß faßte, Achill zu töten, in einer Welt jenseits des Lebens, in der Welt des Todes. Sie ist frei, im Tod. Freiheit, in „Penthesilea“, ist Freiheit im Tod.

Wir sahen, daß die Nähe zum Tod nicht erst am Schluß der Handlung, in den letzten Szenen oder gar Versen, sondern durch das ganze Gedicht, von Penthesileas erstem Auftreten an, gefühlt wird. Vorher sahen wir, daß Penthesileas Gefangenschaft erst mit ihrem letzten Wort: „Nun ists gut.“ endet. Wir nannten die gestörte Beziehung oder Gefangenschaft den Anfang, die Freiheit das Ende des Gedichts. Die Worte Anfang und Ende können in diesem Zusammenhang kein zeitliches

[12]) Übrigens ist bedeutsam, daß Kleist die Katastrophe erst nach einer Liebesszene, also nicht, wie es doch auch möglich wäre, bei der feindlichen Begegnung (8. und 9. Szene), durchs Amazonengesetz gewirkt, eintreten läßt.

Verhältnis meinen, denn das „Ende" ist ja schon im Anfang und der „Anfang" noch im Ende. Beides ist nicht nacheinander, sondern ineinander. Anfang und Ende, Gefangenschaft und Freiheit, sind Zustände der Seele. Dazwischen liegt nicht ein Vorgang in der Zeit, sondern ein seelischer Vorgang, der als solcher zeitlos ist; seine Darstellung in der Zeit als der unseren sinnlichen Fähigkeiten entsprechenden Anschauungsform ist die „Penthesilea"[13]).

Wir hatten gesehen, Penthesileas Schicksal ist ihr Ich, ist, daß sie Penthesilea ist, daß sie in gestörten Beziehungen leben muß. Nun sahen wir, sie geht, indem sie ihr Sein erfüllt, einen transzendenten Weg, von der Unfreiheit zur Freiheit. Wir können also sagen, Penthesilea ist sie selber, indem sie in einem metaphysisch-transzendenten Sinn wird. Ihr Penthesilea-Sein, das in der Zeit als Sein erscheint, ist jenseits der Zeit ein Werden. Und dieses Werden, ihr Zugleich-frei-und-gefangen-sein, ist nicht an sich, sondern vollzieht sich in Beziehungen.

So ist Sein, wie es in „Penthesilea" dargestellt wird, im wörtlichsten Sinne Form. „Penthesilea" ist ein Gefüge, in dem Gefangen-sein und Frei-sein und Ich und Schicksal eins sind. Es ist nichts als ein bestimmtes Verhältnis mehrerer aufeinander bezogener — man weiß nicht, wie man sagen soll — seelischer Punkte, Kräfte: Ich, Du, Schicksal, Freiheit, Unfreiheit — man kann das begrifflich nicht ausdrücken. Penthesilea existiert in der Beziehung zu Achill. Diese Beziehung ist so, daß sie in ihr nicht leben kann, sie ist gestört, Penthesilea ist in ihr eine Gefangene. Weil sie in ihr leben muß und doch nicht leben kann, muß sie den Geliebten töten. Sie tötet Achill und, da sie ja nur in der Beziehung zu ihm existiert, zugleich sich selbst. Das ist ihr Schicksal. Sie bejaht es. Und indem sie, ihr Schicksal bejahend, sich tötet, kann sie zwar ihre Existenz in der Welt nicht retten. Aber sie wird frei, im Tod.

„DER ZWEIKAMPF" ist die Geschichte der Liebe des Kämmerers Friedrich von Trota und der verwitweten Edelfrau Littegarde von Auerstein. Die Novelle ist merkwürdig gebaut, die Geschichte von der Liebe eingefügt in eine andere Handlung, den Mord an Herzog Wilhelm von Breysach und die Aufklärung dieses Verbrechens; der Punkt, in dem die beiden Handlungen zusammenhängen, ist der Zweikampf.

Der Inhalt ist folgender: Der Herzog von Breysach wird in einer Nacht ermordet. Der Verdacht fällt auf seinen Halbbruder, den Grafen

[13]) Daß „Penthesilea" die Darstellung eines seelischen, transzendenten Vorgangs ist, ist an sich weder merkwürdig noch zeichnet es Kleists vor anderer tragischer Dichtung besonders aus; schon die attische tragische Dichtung war transzendente Dichtung. Auch für sie trifft zu: der Anfang noch im Ende und das Ende schon im Anfang, und dazwischen ein metaphysischer Bezug. Aber wir fragen nach den Bezügen, und wie Kleist Beziehungen bildet, wird erst bedeutsam, wenn man das Gedicht als Darstellung eines seelischen Vorgangs versteht.

Jakob den Rotbart. Dieser erklärt vor dem kaiserlichen Gericht, vor das er geladen wird, um zu beweisen, daß er den Mord nicht verübt haben könne, er wäre in der betreffenden Nacht bei der ihm in Liebe ergebenen Littegarde gewesen. Littegarde, durch diese Anschuldigung, die sie nur als erlogene und schändliche Verleumdung empfinden kann, da sie nie mit Jakob irgendeine Gemeinschaft gehabt hat, im Innersten beleidigt und zudem von ihren Brüdern aus dem Hause gejagt, flieht in ihrer Not zu Herrn Friedrich von Trota, der sie liebt, wie sie weiß, und bittet ihn, ihr einen Rechtsbeistand anzuweisen, damit sie sich vor dem Gericht von der gegen sie erhobenen Anschuldigung reinigen könne. Friedrich, von der Unschuld der Geliebten überzeugt, will durch ein Gottesurteil im Zweikampf ihre Ehre wieder herstellen. Der Kampf geht aber so aus, daß er schwer verwundet und Jakob, den er nur leicht an der Hand verletzte, zum Sieger erklärt wird; so daß Friedrich und Littegarde wegen sündhaft angerufenen Gottesurteils zum Scheiterhaufen verurteilt werden. Es scheint, ihre Liebe müsse, ja werde zerbrechen. Aber im entscheidenden Augenblick finden sie einander, ihre Beziehung zerbricht nicht. Ihre Liebe, ihr jeseitiges, ewiges Sein ist gerettet; und da sich herausstellt, daß Jakob, der seinen Bruder in der Tat ermordete, selbst das Opfer einer Täuschung gewesen und nicht bei Littegarde, wie er geglaubt, sondern bei ihrer Kammerzofe geweilt hatte und demnach Littegardes Unschuld offenbar ist, werden die Liebenden vom Scheiterhaufen herabgeholt, vom Kaiser reichlich beschenkt und feiern nach wenig Wochen Hochzeit.

Bevor wir weiter untersuchen, müssen wir uns kurz klar machen, von welcher der beiden Handlungen aus die Novelle gebaut ist. Denn anders könnten wir die Beziehungen nicht sicher bestimmen.

Gesetzt, Kleist hätte vom Mord aus gebaut, der Mord wäre der Zweck und die Liebe das Mittel. Da ist der Graf Jakob, der seinen Bruder, den Herzog, ermordet, um sich die Krone zu verschaffen. Das Ziel der Novelle ist die Aufklärung dieser Tat und die Bestrafung des Mörders. Das Mittel, durch das seine Bestrafung herbeigeführt wird, müßte die Liebe Friedrichs und Littegardes sein. Das wäre nur so möglich, daß das Gottesurteil das Mittel wäre, Jakobs Schuld ans Licht zu bringen, die Liebe Friedrichs zu Littegarde wäre das Mittel, diesen mit Jakob kämpfen zu lassen, und die Verleumdung Littegardes wäre das Mittel, diese Liebe wirksam werden zu lassen. Wenn vom Mord aus gebaut wäre, stünde dieser und das Schicksal des Mörders in der Mitte, ziemlich nahe der Zweikampf, weiter entfernt die Liebe, und am äußersten Rand Schuld und Unschuld Littegardes und alles, was damit zusammenhängt. Die Problematik der Beziehung Friedrichs und Littegardes ist vom Mord aus überhaupt nicht zu verstehen, denn man kann nicht einsehen, wie diese Problematik in bezug auf den Mord notwendig sein sollte.

Versuchen wir dagegen, die Novelle von der Beziehung Friedrichs und Littegardes aus zu verstehen. Da sind ein Ritter und eine Edelfrau. Die Ehre der Frau wird verletzt, und der Ritter stellt sie durch einen Zweikampf mit dem Beleidiger, der als Gottesgericht aufgefaßt wird, wieder her. Der Mord würde erfunden, um die Beleidung zu erklären. Der Zweck wäre die Liebe des Ritters und der Frau, der Zweikampf wäre das Mittel, die Liebe sich vollenden zu lassen, die Beleidigung wäre das Mittel, den Zweikampf herbeizuführen, und der Mord wäre das Mittel, die Beleidigung zu erklären. In der Mitte stünde die Liebe, daneben der Kampf, entfernter die Beleidigung, und ganz am Rande der Mord. Die Problematik der Beziehung des Ritters und der Frau wäre der besondere Charakter ihrer Beziehung und die Hauptsache, der Zweck der Novelle, dem alles andere dient. — Man sieht, daß die Novelle nur von der Beziehung Friedrichs und Littegardes aus gebaut sein kann und „Der Zweikampf" die Geschichte ihrer Liebe ist[14]).

[14]) Es ist lehrreich, allerdings im Zusammenhang hier nicht wichtig, auf diesem Wege forschreitend den Bau der Novelle bis in die Einzelheiten zu verfolgen. Der Stoff ist: eine edle Frau wird beleidigt; ihr Mann oder Geliebter stellt ihre Ehre durch einen Zweikampf wieder her. Kleist bringt den Stoff nach Froissart als Anekdote als „Geschichte eines merkwürdigen Zweikampfs". Der Sotff wird für Kleist interessant, wenn der Kampf nicht, wie bei Froissart, sogleich für den Ritter und die beleidigte Frau günstig ausgeht, sondern, scheinbar, der Beleidiger die Wahrheit seiner Behauptung beweisen kann; denn welche seelischen Kämpfe müssen sich aus dem Widerspruch des Gefühls in den Gestalten und dem als Spruch Gottes geltenden Ausgang des Kampfes ergeben! Der Kampf geht also für den Beleidiger günstig aus. Der Ritter muß an der Frau, diese an sich selbst zweifeln, Die Beziehung des Ritters und der Frau muß zerbrechen. Für Kleist ist diese Beziehung, die durch den Zweifel bedroht wird, die Hauptsache. Der Zweifel entsteht, weil im Kampf der Beleidiger siegt. Warum siegt er? Wenn der Ritter siegte, würde die Unschuld der Frau sogleich erkannt und der Zweifel könnte nicht entstehen. Der Ritter darf also nicht siegen. Aber wie? Wenn nun der Beleidiger siegt, muß doch die Frau schuldig sein, denn durch den Ausgang des Kampfes läßt Gott die Wahrheit offenbar werden. Die Frau ist aber unschuldig: demnach darf auch der Beleidiger nicht siegen. Es darf also keiner den Kampf gewinnen, weder der Ritter noch der Beleidiger, im Streit, der durch den Zweikampf entschieden werden soll, darf keiner schuldig sein. — Warum beleidigt der Beleidiger die Frau? Wenn er sie wissentlich, aus Bosheit verletzt, ist er schuldig und muß den Kampf verlieren. Hat die Frau ihm einen Grund gegeben, so ist sie schuldig und der Ritter muß unterliegen. Beleidigt er sie absichtslos, aus Versehen und Gedankenlosigkeit, so wird die ganze Erzählung läppisch. Der Beleidiger muß also selbst gezwungen sein. Er müßte sich durch die Beleidigung aus einer Gefahr befreien wollen. Man sieht, daß die Absicht, sich von einer Anklage wegen Mordes zu reinigen, sehr nahe liegt. Für die kurze „Geschichte eines merkwürdigen Zweikampfs" die eine Art Tatsachenbericht, noch nicht eine Novelle ist, genügt als Grund für die Beleidigung die Bosheit des Beleidigers; die Beleidigung wirkt zufällig. In der dichterisch gestalteten Novelle muß die Beleidigung notwendig sein. Deswegen erfindet

Die Beziehung der Liebenden ist eigentümlich gebildet. Friedrich glaubt an die Unschuld Littegardes und zieht für sie in den Kampf. Scheinbar unterliegt er, trotzdem glaubt er weiter an ihre Unschuld. Er begründet diesen Glauben mit seinem Gefühl: „In meiner Brust spricht eine Stimme für Euch ...". Es schmerzt ihn nur, daß durch seine Schuld, weil er im Gottesurteil, wie es vom Kaiser und den Zuschauern verstanden wird, unterlag, „der Stab, einer Überwiesenen gleich über sie (Littegarde) gebrochen ist". Der Ausgang des Zweikampfs vermag seinen Glauben an die Geliebte nicht zu erschüttern. Er antwortet, bei seinem Besuch im Gefängnis, auf Littegardes Aufschrei: „Hinweg! Du bist mir ein Greuel ...": „Womit, meine edelmütige Littegarde, hat dein Friedrich diesen Empfang verdient?" und fragt: „Ist dir mein Anblick so unerfreulich, Littegarde?" — Littegarde hat im sicheren Gefühl und Wissen ihrer Unschuld den Freund in den Kampf gehen lassen; noch vor Beginn desselben sprach sie zu Friedrichs Mutter: „Und ginge er ohne Helm und Harnisch in den Kampf, Gott und alle seine Engel beschirmen ihn!" Nun hat in dem Zweikampf, scheinbar, Jakob gesiegt und so die Wahrheit seiner Anschuldigung bewiesen. Littegarde versinkt in einen Abgrund: ihr Gefühl sagt ihr, sie ist unschuldig, aber der Ausgang des Kampfes, den sie als den Spruch Gottes auffassen muß, an dem niemand zweifeln darf, scheint ihre Schuld zu beweisen. In völliger Verzeiflung hat sie seit dem Tage des unglücklichen Kampfes kein Wort gesprochen, sie will niemanden sehen, und am wenigsten den Geliebten. Wie sie ihn, der sie im Gefängnis besucht, erblickt, schreit sie auf: „Hinweg!" und: „Wenn ich nicht wahnsinnig werden soll, so berühre mich nicht!" und: „Räume das Zimmer, mein Geliebter, und verlaß mich!" und: „Die Hölle mit allen Schauern und Schrecknissen ist süßer mir und anzuschauen lieblicher als der Frühling deines mir in Huld und Liebe zugekehrten Angesichts!" — Auf die Frage Friedrichs:

> „... bist du des Verbrechens, dessen dich der Graf vor Gericht geziehen hat, bist du dessen schuldig? — Schuldig, überwiesen, verworfen, in Zeitlichkeit und Ewigkeit verdammt und verurteilt! rief Littegarde, indem sie sich den Busen wie eine Rasende zerschlug. Gott ist wahrhaftig und untrüglich; geh, meine Sinne reißen, und meine Kraft bricht. Laß mich mit meinem Jammer und meiner Verzweiflung allein! — Bei diesen Worten fiel Herr Friedrich in Ohnmacht; und während Littegarde sich mit einem Schleier das Haupt verhüllte und sich, wie in gänzlicher Verabschiedung von der Welt, auf ihr Lager zurücklegte ..." (Satz 135—39, VI, S. 29)

Kleist den Mord am Herzog von Breysach. — Wenn der Beleidiger wissentlich, obwohl durch die Gefahr, die ihm droht, genötigt, die Frau beleidigte, wäre er im Sinne des Zweikampfs schuldig. Er muß also glauben, daß er mit seiner Behauptung die Wahrheit sagt. Das ist nur möglich, wenn er selbst getäuscht ist. So entstand die Zofe.

— Nachdem Friedrich aus der Ohnmacht erwachte, verflucht seine Mutter, die bei dem Gespräch zugegen ist, Littegarde, berichtet, wie Jakob zur Beichte gewesen, seine Aussage auf die heilige Hostie beschworen und alle Einzelheiten seines Besuchs bei Littegarde beschrieben hat, und schließt, mit einer Wendung zu ihrem Sohn, er möge die Schändliche ihrer Verzweiflung überlassen. — Gereizt richtet sich Littegarde auf: „Der Elende!" und schildert ihr Verhältnis zu Jakob, wie er ihr bei einem Besuch auf seiner Burg eine Liebeserklärung in ihr Zimmer gelegt, wie sie und ihre Brüder empört gewesen und noch in derselben Nacht abgefahren seien mit dem Entschluß, nie wieder seine Burg zu betreten. — Die nächsten Sätze sind der Kern der Novelle; was dann noch folgt, dient nur noch der äußeren Lösung und ist für die Beziehung der Liebenden nicht mehr wichtig. Die entscheidenden Sätze lauten — Littegarde hat ihren Umgang mit dem Grafen Jakob geschildert:

> „— Dies ist die einzige Gemeinschaft, setzte sie hinzu, die ich je mit diesem Nichtswürdigen und Niederträchtigen gehabt! — Wie? sagte der Kämmerer, indem er ihr sein tränenvolles Gesicht zukehrte, diese Worte waren Musik meinem Ohr! — Wiederhole sie mir, sprach er nach einer Pause, indem er sich auf Knien vor ihr niederließ und seine Hände faltete. Hast du mich um jenes Elenden willen nicht verraten, und bist du rein von der Schuld, deren er dich vor Gericht geziehen? — Lieber! flüsterte Littegarde, indem sie seine Hand an ihre Lippen drückte. — Bist dus? rief der Kämmerer, bist dus? — Wie die Brust eines neugebornen Kindes, wie das Gewissen eines aus der Beichte kommenden Menschen, wie die Leiche einer in der Sakristei unter der Einkleidung verschiedenen Nonne!" (Satz 150—56, S. 31)

Was geht in diesen wenigen Sätzen vor?

Auch im „Zweikampf" handelt es sich um eine gestörte Beziehung, die Beziehung, die wir zunächst besser nicht Liebe nennen, zwischen Friedrich und Littegarde. Sie sind, wie Penthesilea auf Achill, aufeinander bezogen: Friedrich *ist* in der Beziehung zu Littegarde — bei ihren Worten: „schuldig, überwiesen, verworfen" fällt er in Ohnmacht —; Littegarde *ist* in der Beziehung zu Friedrich — nach dem Zweikampf, nach dem sie sich schuldig glauben muß, will sie niemanden sehen, „den Kämmerer von Trota aber am allerwenigsten". Friedrich besucht Littegarde im Gefängnis, sie ruft ihm ihr „schuldig" entgegen, er fällt in Ohnmacht, und sie legt sich, „wie in gänzlicher Verabschiedung von der Welt", nieder. Die Beziehung ist zum Zerreißen angespannt. Was verbindet, was trennt beide?

Friedrich ist auf Littegarde bezogen. Die Beziehung äußert sich in seinem Glauben an ihre Unschuld. Sein Glaube ist so stark, daß auch der unglückliche Ausgang des Kampfes ihn nicht zu erschüttern vermag. Er bricht zusammen, wie Littegarde sich schuldig bekennt. Sie *ist* aber nicht schuldig, ihr Schuldbekenntnis ist der Aufschrei einer Seele, die an sich selbst verzweifelt. Als sie seinen Schutz erbat, rief er:

> „Genug, meine teuerste Littegarde, verliert kein Wort zur Verteidigung und Rechtfertigung Eurer Unschuld! In meiner Brust spricht eine Stimme für Euch, weit lebhafter und überzeugender als alle Versicherungen, ja selbst als alle Rechtsgründe, die Ihr vielleicht, aus der Verbindung der Umstände und Begebenheiten, vor dem Gericht zu Basel für Euch aufzubringen vermögt."
>
> (Satz 58/59, S. 15)

Sein Glaube ist auf ein „Gefühl in seiner Brust", er ist nicht auf Littegardes Sein gegründet, denn sie ist ja unschuldig. Wenn sein Glaube auf ihr Sein gegründet wäre, könnten ihre Worte ihn nicht erschüttern. Friedrich existiert in einer Beziehung ohne Du, wie Penthesilea.

Littegarde fühlt sich unschuldig und muß sich schuldig glauben. Ihre Lage ist schlimm. Sie wird schlimmer, weil sie den Geliebten mit sich ins Unglück gerissen hat. Sie ist so, daß sie verzweifeln muß. Friedrich beugt sich, bei seinem Besuch, über sie. „Hinweg!" ruft sie, mehrere Schritte weit auf Knien vor ihm zurückbebend, und wenig später: „Laß mich mit meinem Jammer und meiner Verzweiflung allein!" und verhüllt sich das Haupt mit einem Schleier, und legt sich, „wie in gänzlicher Verabschiedung von der Welt", auf ihr Lager zurück. Sie zerschneidet alle Fäden zwischen sich und dem, was außer ihr ist. Ihre Verzweiflung ist in Beziehung ohne Du zu Friedrich, wie sein Glaube an ihre Unschuld Beziehung ohne Du zu ihr ist.

Friedrichs Mutter verflucht sie und fügt hinzu, was Jakob bei der Beichte angegeben: er habe die Gartenpforte bezeichnet, an der sie ihn erwartet und empfangen, das Zimmer beschrieben, in das sie ihn eingeführt, das Lager, worauf sie sich in schamloser Schwelgerei heimlich mit ihm gebettet, und endet:

> „— Aber komm! Entrüstung, die sie der Worte würdigt, ehrt sie; unsern Rücken mag sie erschauen und vernichtet durch die Vorwürfe, womit wir sie verschonen, verzweifeln! — Der Elende! versetzte Littegarde, indem sie sich, gereizt durch diese Worte, emporrichtete. Sie stützte ihr Haupt schmerzvoll auf ihre Kniee, und indem sie heiße Tränen auf ihr Tuch niederweinte, sprach sie: Ich erinnere mich . . ." (Satz 144—46, S. 30)

Sie beschreibt nun ihr Verhältnis zu Jakob, und schließt: „Dies ist die einzige Gemeinschaft, die ich jemals mit diesem Nichtswürdigen und Niederträchtigen gehabt!" — Die folgenden Sätze, in denen Friedrich und Littegarde zueinander finden, wurden schon zitiert; in ihnen liegt die Lösung. Friedrich läßt sich auf Knieen vor Littegarde nieder. Er faltet seine Hände. „Wie?" sagt er, „hast du mich um jenes Elenden willen nicht verraten? Bist du rein von der Schuld . . . ? Bist dus? Bist dus?" Und Littegarde flüstert nur: „Lieber!" indem sie seine

Hand an die Lippen drückt, und sagt dann: „Wie die Brust eines neugeborenen Kindes . . .".

Was ist geschehen? Wir sahen, daß Friedrichs Glaube an Littegardes Unschuld nicht aus ihr, aus ihrem Sein begründet war, sondern „eine Stimme in seiner Brust" sprach. Wir sahen ferner, daß Littegarde sich ganz in ihre Verzweiflung, wie in ein inneres Gefängnis, zurückzog. Nun faltet er seine Hände vor der Geliebten und fragt: „Bist dus? Bist dus?" Und sie küßt seine Hand und flüstert: „Lieber!" und sagt nur ganz schlicht die Wahrheit: daß sie unschuldig ist. Was geschieht? Friedrich empfängt sein Schicksal, seine Beziehung zu Littegarde, nicht mehr aus sich selber, sondern er empfängt es aus der Hand, dem Mund, dem Sein der Geliebten; er hat sein Schicksal, die Entscheidung über Leben und Tod, hat sich selbst ganz in die Hand Littegardes gelegt. Und Littegarde bricht mit den Worten: „Ich erinnere mich . . ." aus dem Gefängnis ihres Ichs und ist nun ganz offen dem Du („Lieber!") und ganz wahr; sie, ihr Leben, ihr Schicksal ist nun in Friedrich.

Schon im nächsten Augenblick droht Littegarde in die Verzweiflung zurückzusinken. Friedrich spricht:

> „Habe Dank! Deine Worte geben mir das Leben wieder; der Tod schreckt mich nicht mehr, und die Ewigkeit, soeben noch wie ein Meer unabsehbaren Elends vor mir ausgebreitet, geht wieder wie ein Reich voll tausend glänziger Sonnen vor mir auf! — Du Unglücklicher, sagte Littegarde, indem sie sich zurückzog, wie kannst du dem, was dir mein Mund sagt, Glauben schenken?"
> (Satz 157—59, S. 31f)

Aber Friedrichs Glaube kann nicht mehr erschüttert werden, er gründet sich jetzt weder auf Littegardes Worte[15]), noch auf das Gefühl in seiner Brust, sondern auf ihr Sein, das ihm eben ganz offen war. Ihre Worte sind nicht mehr wichtig, auch nicht das Gefühl, das sie bewußt hat. Wichtig ist, daß sie unschuldig *ist* und daß die Liebenden einen Augenblick ganz ineinander gelebt haben. Vor diesem Augenblick waren sie aufeinander bezogen ohne Du, wie Penthesilea auf Achill; jeder existierte in der Beziehung, aber bloß in sich. Jetzt existiert jeder im Anderen. In der Religion würde man den Zustand, in dem sie sich vor dem Durchbruch durchs Ich zum Du befanden, Friedrichs Glauben und Littegardes Verzweiflung, Verstockung, den Zustand nachher Seligkeit nennen. So spricht Friedrich:

> „Die Ewigkeit, soeben noch wie ein Meer unabsehbaren Elends vor mir ausgebreitet, geht wieder wie ein Reich voll tausend glänziger Sonnen vor mir auf!" (Satz 158, S. 31)

---

[15]) „Deine Worte" (s. o.) sind nicht als Worte gewöhnlicher Rede zu verstehen, sondern als Chiffre für etwas rational nicht Sagbares, sie sind unmittelbarer Ausdruck ihres total wahrhaftigen Seins.

und:

> „Wo liegt die Verpflichtung der höchsten göttlichen Weisheit, die Wahrheit im Augenblick der glaubensvollen Anrufung selbst anzuzeigen und auszusprechen?" (Satz 168, S. 32)

und bevor er, „nicht ohne das Bewußtsein, einigen Trost gegeben und empfangen zu haben", wieder in sein Gefängnis zurückkehrt:

> „O Littegarde, im Leben laß uns auf den Tod und im Tode auf die Ewigkeit hinaussehen und des festen unerschütterlichen Glaubens sein: deine Unschuld wird, und wird durch den Zweikampf, den ich für dich gefochten, zum heitern, hellen Licht der Sonne gebracht werden!" (Satz 169, S. 32)

Das ist ein Zustand, in dem Friedrich und Littegarde, vor der Ewigkeit und dem Tod, frei von Angst, Schmerz, Verzweiflung geworden sind. Sie sind im Du frei geworden.

Die Beziehung Friedrichs und Littegardes ist ähnlich der Beziehung Penthesileas zu Achill. Nur die Lösung ist ganz anders. Die Beziehung ist in beiden Gedichten gestört, und die Störung wird hier wie dort als bloßes Ich-sein dargestellt, d. i. aus dem Ich begründet. Aber in „Penthesilea" ist die Lösung, daß Penthesilea Achill töten muß, so gelangt sie zur Freiheit; im „Zweikampf" ist die Lösung, daß Friedrich und Littegarde einander finden, indem sie ineinander und voneinander ihr Schicksal annehmen. Penthesilea wird im Tod frei von Achill, Friedrich und Littegarde werden vor dem Tod frei ineinander.

Bei der Untersuchung der „Penthesilea" hatte sich ergeben, daß eine andere, positive, Lösung nicht möglich ist, weil das Gedicht, wir nannten es eine Monodichtung, auf Penthesilea allein gebaut ist. Der Bau des „Zweikampfs" ist anders. Friedrich und Littegarde haben jeder ein Schicksal, sie sind miteinander, nicht auseinander zu verstehen. Der Leser fühlt in beiden, nicht nur in Friedrich oder in Littegarde. Der „Zweikampf" ist auf beide gebaut. Da ist ein Ritter, und da ist eine Edelfrau (ob sie seine Frau oder Geliebte ist, ist für den Bau gleichgültig; in der kurzen „Geschichte eines merkwürdigen Zweikampfs" ist sie seine Frau). Die Ehre der Frau wird verletzt, und der Ritter stellt sie durch einen Zweikampf wieder her. Der Ritter und die Frau, Friedrich und Littegarde, sind im Bau aufeinander bezogen: sie sind gleich wichtig und stehen sittlich auf einer Ebene (Littegarde *ist* unschuldig). Eine positive Beziehung zwischen Penthesilea und Achill ist, vom Bau her gesehen, nicht möglich. Aber zwischen Friedrich und Littegarde ist eine positive Beziehung, vom Bau her, notwendig. In „Penthesilea", sagten wir, ist das Gefüge, das Kleist erlebt und in seinem Gedicht dargestellt hat, so, daß Penthesilea Achill töten muß. Im „Zweikampf" ist das Gefüge so, daß die Liebenden zueinander finden und ineinander frei werden.

Der innere Vorgang ist auch im „Zweikampf" transzendent: von dem Zustand des Gefangen-seins im Ich, in der Beziehung ohne Du (in der Religion entspricht dem die Verstockung) zu dem Zustand des Frei-seins, im Du (in der Religion: Seligkeit). Natürlich ist eines der Gedichte Drama, das andere Novelle, und deswegen ein Unterschied zwischen ihnen. Aber wenn man diesen berücksichtigt, besteht im Wichtigen Übereinstimmung[16]).

Unsere Fragen sind: Was ist aufeinander bezogen? und: Wie ist es aufeinander bezogen?

Die erste Frage, die auf den Bau an sich geht, wurde schon bei der Interpretation der beiden Gedichte beantwortet: „Penthesilea" ist auf Penthesilea allein gebaut, im Bau ist sie ohne Beziehung zu Achill: sie muß ihn töten. Der „Zweikampf" ist auf Friedrich und Littegarde gebaut: deswegen feiern die Liebenden Hochzeit.

Die zweite Frage geht auf die Fügweise.

Wir müssen uns noch einmal vergegenwärtigen, was damit gemeint ist, wenn gesagt wird, Kleist begründe aus dem Ich. Wir fragen: Warum muß Penthesilea Achill töten, wie, wodurch ist die Beziehung zwischen ihnen gestört? und: Woran zerbricht fast die Beziehung zwischen Friedrich und Littegarde, und wie wird dann ihre Vereinigung möglich? Am besten sehen wir zunächst, wie Kleist nicht begründet.

Er begründet nicht aus der Situation, wie etwa die attische Tragödie (Orest ist der Sohn seines Vaters und muß den Mord am Vater rächen, er ist der Sohn seiner Mutter und muß an dem Mord an der Mutter zugrunde gehen): Penthesilea ist nicht durchs Amazonengesetz gezwungen, Achill zu töten, auch der Irrtum folgt nicht aus dem Amazonengesetz. Weder Penthesileas Amazone-sein noch ihre Stellung zwischen den Amazonen und Achill begründet die Störung, denn das Amazonengesetz könnte wohl die glückliche Vereinigung der Liebenden

[16]) Die Übereinstimmung besteht hauptsächlich darin, daß Drama und Novelle, wegen ihrer besonderen Form — beide ballen die ganze Handlung in einen Punkt zusammen — einen transzendenten Gehalt ausdrücken; sie stellen kein Geschehen in der Zeit dar. Der Unterschied besteht vor allem darin, daß der Zuschauer bei einem Drama anders als der Leser einer Novelle in das Gedicht einbezogen wird: der Zuschauer als Wollender, der Leser als Schauenden (bei Kleist als von innen Schauender, als Fühlender, wie später gezeigt wird.)

verhindern, nicht aber bewirken, daß sie aneinander vorbei leben. — Friedrich und Littegarde sind aufeinander bezogen. Sie sind in einer Situation, in der Friedrich an Littegarde, sie an sich selbst zweifeln müßte, wodurch ihre Beziehung in Frage gestellt werden würde. Aus der Situation folgt, daß Littegarde, die dem Widerspruch der Wirklichkeit außer ihr zu der Wirklichkeit in ihr erliegt, verzweifelt. Aber aus der Situation folgt nicht, daß sie Friedrich entgegenruft: „Hinweg! Du bist mir ein Greuel!" Aus der Situation würde folgen, daß Friedrich nach dem verlorenen Zweikampf an der Unschuld Littegardes zweifelt, aber nicht, daß sein Glaube, nachdem der Ausgang des Kampfes ihn nicht erschüttern konnte, bei der Begegnung mit der wirklichen nicht der geglaubten Littegarde zusammenbricht.

Kleist begründet die Störung nicht aus den Charakteren. Denn das würde bedeuten, daß andere Charaktere an Penthesileas oder Friedrichs und Littegardes Stelle anders handeln würden. Es ist aber ganz gleich, wie Penthesilea, Friedrich und Littegarde charakterlich sind, ob gut oder böse, heftig oder träg, beherzt oder feig usw. Auch könnte sich der Charakter innerhalb eines Gedichts nicht ändern, und eine Wandlung der Beziehung, wie im „Zweikampf", wäre, wenn die Störung aus den Charakteren folgte, unmöglich. — Kleists Satz (an Marie von Kleist im Spätherbst 1807), Käthchen sei durch gänzliche Hingebung ebenso mächtig wie Penthesilea durch Handeln, scheint zweideutig. Wenn das Gewicht auf dem Gegensatz, Hingebung und Handeln, liegt, demnach auf dem, was jede der Gestalten für sich ist, sind vielleicht die Charaktere, wenn das Gewicht auf dem Gemeinsamen, dem Mächtigsein, liegt, ist etwas, das hinter den Charakteren liegt, gemeint. — Friedrich und Littegarde sind als Charaktere wenig und undeutlich gestaltet; jeder Mensch, der seelisch auf ihrer Ebene steht, könnte sich in ihrer Lage befinden. Und Penthesilea ist wenn man genau hinsieht, auch nicht die Gestaltung eines besonderen Charakters, sondern einer eigentümlichen Seelenlage, in der sich jeder Mensch, unabhängig vom Charakter, befinden könnte. Die Charaktere sind nur Bedingung, nicht Grund ihrer Handlungen.

Kleist begründet nicht aus Milieu und Vererbung, wie naturalistische Dichter.

Er begründet nicht aus einem außer dem Menschen angenommenen und von ihm unabhängigen göttlichen Willen oder Fatum. Auch dies braucht nicht weiter nachgewiesen zu werden.

Er begründet auch nicht psychologisch, wie viele moderne Dichter und meistens der Film, obwohl er psychologisch darstellt. Aber er begründet nicht psychologisch. Ein Beispiel psychologischer Begründung wäre etwa (der Film „Souvenirs perdus"): Ein junger Mann wird von seinen Verwandten, die ihn los sein wollen, obwohl er gesund ist, ins

Irrenhaus gesperrt. Es gelingt ihm auszubrechen. Der Wunsch nach Rache, der während der Einsperrung in ihm übermächtig wurde, hat alle anderen Wünsche verdrängt. Er bringt im Laufe eines Abends alle, die ihn mißhandelt haben, bis auf einen um. Es ist Nacht. Die Polizei sucht ihn mit Autos, Sirenen, Scheinwerfern. Er steht, in eine Nische in der Mauer gedrückt, an der Seine. Ein verlorenes Mädchen geht vorbei, er zwingt sie, an seiner Seite zu gehen, so daß die Polizei ihn nicht erkennt. Das Mädchen hat zuerst vor dem unheimlichen, wirklich fast irr aussehenden Mann große Angst; dann siegt das Mitleid, sie nimmt ihn mit in ihr Zimmer. Vielleicht liebt sie ihn ein bißchen; er fühlt sich geborgen. Für den Mann, der ins Irrenhaus gesperrt war und nun zum Mörder wurde, und das Mädchen, das ein verlorenes Leben auf der Straße lebte, scheint ein neues Leben zu beginnen. Während er schläft, geht sie fort, um etwas zu essen, Milch, Brot, einzukaufen, und schließt, wie es natürlich ist, ihr Zimmer, in dem der neue Freund schläft, ab. In ihrer Abwesenheit erwacht er. Er findet sich allein, eingeschlossen. Die Erinnerung an die jahrelange Einsperrung und die Verfolgung und Bosheit der Menschen überwältigt ihn. Fröhlich kehrt das Mädchen zurück. Aber er, in dessen Brust das Entsetzen, dem er entflohen zu sein glaubte, wieder wach geworden ist, erwürgt sie. — Andere Möglichkeiten psychologischer Begründung sind, aus Trieben, Verspannungen, Komplexen zu begründen. Man sagt, Penthesilea sei hysterisch. Mag sein; aber bei genauer Untersuchung wird man doch immer ihre Weise zu sein und zu tun psychologisch verständlich, aber nicht als notwendig begründet finden. Und ebenso ist die Störung der Beziehung Friedrichs und Littegardes bloß psychologisch verständlich, aber nicht notwendig[17]).

Bei der Betrachtung der „Penthesilea" und des „Zweikampfs" haben wir gesehen, daß Kleists Gestalten sind, insofern sie bezogen sind: sie existieren in Beziehungen. Die Beziehungen sind gestört, und zwar derart, daß die Gestalten, obwohl sie aufeinander bezogen sind, bloß sich selber fühlen. Die Störung betrifft die innerste Existenz. Damit ist eine Bestimmung der Art, wie Kleist begründet, gegeben. Weder die Begründung aus der Situation — Orest sieht sich einer von ihm unabhängigen Situation gegenüber: er ist Sohn des Vaters und Sohn der Mutter, und in diese Situation ist er, Orest, hineingestellt —, noch die

---

[17]) Man darf gedichtete Menschen und wie sie sich verhalten gewiß ebenso mit den Mitteln der Psychologie untersuchen wie wirkliche Menschen. Nur wäre es falsch, sie von der Psychologie aus verstehen zu wollen. Im psychologischen Verhalten äußern sich seelische Vorgänge, die selbst hinter ihm verborgen bleiben. Man kann von jenem auf diese schließen. Aber man kann seelische Vorgänge nicht aus dem psychologischen Verhalten ableiten.

Begründung aus dem Charakter — der verblendete Lear verkennt seine Töchter; die schlimmen, Gonoril und Regan, bringen den Hilflosen ins Unglück, die gute, Cordelia, sucht ihn zu retten; die Handlung entwickelt sich aus der Verblendung und Torheit Lears und der Bosheit seiner Töchter; Bosheit und Torheit sind keine unbedingt zum Sein des Menschen gehörenden Bestimmungen —, noch die Begründung aus der Psychologie — die Erinnerung des jungen Mannes gehört nicht zu seinem notwendigen Sein, sondern überfällt ihn, der an sich unabhängig von ihr existiert, wie eine Krankheit — betrifft die Existenz an sich. Penthesilea aber und Friedrich und Littegarde stehen nicht einer sie vernichtenden Situation gegenüber wie Orest, geraten nicht ins Unglück durch Charakteranlagen oder Leidenschaften, die man haben oder nicht haben kann, und stürzen nicht in einen Abgrund, weil bestimmte, bewußte oder unbewußte, Eindrücke bestimmte seelische Folgen haben, sondern sie gehen, wirklich („Penthesilea") oder fast („Zweikampf"), zugrunde an ihrer Art zu sein, die unabhängig von Situationen, Charakter, Psychologie ist, sich aber naturgemäß in Situation, Charakter und Psychologie äußert.

Orest hat als Sohn die Pflicht, den Vater zu rächen, Antigone hat als Schwester die Pflicht, den Bruder zu bestatten, Ödipus hat als König die Pflicht, das die Stadt bedrohende Verbrechen aufzuklären. Die Pflicht tritt von außen an den Menschen heran, und die Menschen müssen sie erfüllen. Sie würde für jeden Sohn, jede Schwester, jeden König ebenso gelten wie für Orest, Antigone und Ödipus. Penthesilea aber erfüllt, wenn sie Achill und sich tötet, nicht eine Pflicht, die von außen an sie herantritt, sondern das ihr und nur ihr aufgegebene Sein, das so einmalig und konkret ist wie der Charakter. Aber es unterscheidet sich von diesem dadurch, daß es allgemeinmenschlich, nämlich das jedem Menschen, wenn auch für jeden in neuer Gestalt, aufgegebene Sein ist, während der Charakter nicht allgemein menschlich nur jeweils einem Menschen eigen ist. Penthesilea erfüllt *ihr* Sein; aber in ihrer Lage würde, unabhängig vom Charakter, jeder Mensch wie sie handeln und untergehn müssen. Für Friedrich und Littegarde gilt Entsprechendes. Kleist begründet aus etwas, das absolut und einmalig konkret wie der Charakter und zugleich allgemeinmenschlich, notwendige Bestimmung allen menschlichen Seins ist. Damit ist eine zweite Bestimmung der Art, wie Kleist begründet, gegeben.

Penthesilea tötet sich durch ein „Gefühl", das sie sich „zum Dolch spitzt". Friedrichs Glaube an Littegardes Unschuld beruht auf einem „Gefühl" in seiner Brust. Die Belege, daß es sich in den Dichtungen Kleists um ein Inneres, das unabhängig von Erfahrung und Empirie ist, handelt, sind zahlreich; Fricke hat besonders dies herausgearbeitet.

Kleist begründet aus dem Innern des Menschen. Das ist eine dritte Bestimmung der Art, wie Kleist begründet.

Kleist begründet, so finden wir also, aus dem innersten, einmalig konkreten und allgemeinmenschlichen Sein des Menschen. Das aber ist das Ich. Und das Ich erkannten wir als ein in notwendigen Beziehungen jenseitig werdendes.

Mit der Begründung aus dem Ich hängen nicht nur die Lösungen, sondern hängt auch die Fügweise innig zusammen. Wie dabei das Verhältnis ist, ob aus der Art zu begründen die Fügweise oder aus dem erlebten Gefüge die Begründung aus dem Ich folgt, ist, wie in der Kunst bei so vielem, nicht zu entscheiden, weil sich ja das Gedicht als Ganzes im Gemüt des Dichters bildet. Nur das sehen wir, daß zu einer bestimmten Weise zu begründen eine bestimmte Weise zu fügen, das heißt, Beziehungen zu schaffen, oder umgekehrt zu dieser jene gehört.

Die Störung der Beziehung Penthesileas zu Achill, die dadurch ausgedrückt wird, daß sie ihn töten muß, wird aus ihrem Ich begründet: Sie ist Penthesilea, und Penthesilea sein heißt, so existieren, daß sie ohne Du bezogen ist. Achill, obwohl Hilfskonstruktion zu Penthesilea, verhält sich, soweit er überhaupt selbständig fühlt und handelt (v. a. in den ersten Auftritten), entsprechend. Er verfolgt Penthesilea so rücksichtslos wie sie ihn, bloß mit dem Unterschied, daß sie ihn sich gewinnen, er sie aber töten will. Eine weitere Übereinstimmung ist dann nicht möglich, weil Achill in sich uneinheitlich und ohne eigenes Schicksal gedichtet ist. — Friedrich glaubt auf Grund einer Stimme in seiner Brust an die Unschuld Littegardes und bricht zusammen bei der Begegnung mit der wirklichen, nicht der geglaubten Geliebten; er ist bezogen auf sie — als bloßes Ich. Littegarde, die nach dem Zweikampf am sich zweifeln muß, ruft dem Geliebten entgegen: „Du bist mir ein Greuel!" und legt sich, „wie zu gänzlicher Verabschiedung von der Welt", auf ihr Lager zurück; sie ist als bloßes Ich bezogen auf Friedrich. Die Beziehung der Liebenden droht zu zerbrechen. Aber dann finden beide, jeder aus sich, den Weg zum Andern: er gibt sich ganz in die Hand der Freundin: „Bist dus?" und sie fühlt nur noch den Geliebten: „Lieber!" In eigentümlicher Parallelität stößt jeder, ganz aus sich, nicht so, daß der Vorgang im einen den Vorgang im anderen auslöst, durchs Ich hindurch zum Du.

Ich möchte diese Eigentümlichkeit der Fügung „Spontaneität" nennen. Damit ist gemeint, daß jede der Gestalten spontan aus sich handelt. Kleist hat eine seiner Novellen, wie es scheint, überhaupt nur deswegen geschrieben, um dies spontane Handeln aus dem Ich darzustellen, die „Heilige Cäcilie". Im 31. Satz heißt es:

„Dagegen, bei Anhebung der Musik, nehmen Eure Söhne plötzlich in gleichzeitiger Bewegung und auf eine uns auffallende Weise die Hüte ab . . .“

(VI, 7f)

und im 40. Satz:

„Jetzt plötzlich schlägt die Stunde der Mitternacht; Eure vier Söhne, nachdem sie einen Augenblick gegen den dumpfen Klang der Glocke aufgehorcht, heben sich plötzlich in gleichzeitiger Bewegung von ihren Sitzen empor . . .“

(VI, S. 10)

Die Arbeit des Künstlers besteht darin, notwendige Beziehungen herzustellen und auf diese Weise aus mehrerem Einheiten zu bilden. Kleist bildet die Einheiten nun derart, daß er jede Gestalt sich aus sich selbst, aus dem Ich, spontan, so verhalten läßt, daß die Gestalten zusammen dennoch ein Gefüge bilden, obwohl eine vorgegebene Ordnung, in die sich die Gestalten, jede an ihrer Stelle, eben indem ihr Verhalten aus der Situation begründet wird, einfügen, in seinen Dichtungen fehlt. Bei Begründung aus der Situation, etwa in der attischen Tragödie oder in den Novellen Boccaccios, kommt es darauf an, an welchem Platz innerhalb des Gefüges eine Gestalt steht, das Gefüge ist das Wichtige, es ist den einzelnen Teilen, den Gestalten, übergeordnet, diese verlieren die Eigenbedeutung, sie haben Bedeutung, aber nicht aus sich selber, sondern aus dem übergeordneten Gefüge, und demnach entsteht bei Begründung aus der Situation eine in sich geschlossene Ordnung, der als einem in sich Ruhenden und von ihm Distancierten der Zuschauer oder Leser gegenüber steht. In der Dichtung Kleists, der aus dem Ich begründet, gibt es aber keine übergeordnete Ordnung, der sich die Gestalten, jede an ihrer Stelle, einfügen könnten. In seinen Gedichten entsteht eine, wie wir sagen wollen, offene Ordnung dadurch, wie sich die einzelnen Glieder, jedes aus sich selber, verhalten. Oder genauer formuliert, es entstehen offene Gefüge. Ihnen kann der Zuschauer oder Leser nicht, als einem in sich Ruhenden und von ihm Getrennten, gegenüber treten. Sie haben, gewissermaßen, keine nach außen abgrenzenden Umrisse[18]).

Mit der Begründung aus dem Ich ist zugleich eine Beziehung zwischen dem Dichtwerk und dem Zuschauer, Hörer oder Leser gegeben, die anders ist, als wenn aus der Situation begründet würde. Man kann die Gestalten nicht von außen anschauen, sondern man kann sie nur von innen fühlen[19]). Dadurch wird das, was bei anderen Dichtern in der

[18]) Daß mit diesem scheinbar bloß Formalen ein wesentlich Inhaltliches verbunden ist, wird sich bei der Interpretation der „Hermannsschlacht“ und des „Prinz von Homburg“ zeigen.

[19]) Es ist klar, daß dies strukturell gemeint ist. Denn eine Gestalt des Sophokles entsteht auch im Gemüt des Zuschauers, der Andeutungen, die der Dichter macht, unbewußt miteinander verbindet; in dieser Hinsicht arbeitet Kleist nicht anders als

Dichtung selber, als Beziehung zwischen den Teilen, gefunden wird, bei Kleist zu einer Beziehung zwischen dem Dichtwerk und dem Zuschauer, Hörer oder Leser. Wenn Kleists Gefüge offen sind, so sind sie Gefüge überhaupt nur als Beziehung zwischen dem Gedicht und dem, der es in sich aufnimmt. Dieser ist anders als bei anderen Dichtern in den Vorgang, den wir Gedicht nennen, einbezogen. Wir wollen das, mit Vorbehalten, „Subjektivität" nennen, weil das Gedicht, nachdem es im Gemüt des Zuschauers, Hörers oder Lesers, wie bei aller Dichtung, entstanden ist, diesem nicht als Gegenstand und anschaubar gegenüber steht.

Unsere Beobachtungen lassen sich in zwei Gruppen einteilen: Auf der einen Seite fanden wir: das Ich ist eine Beziehung, ein Verhältnis mehrerer, wie wir sagten, seelischer Punkte, erstens, gleichsam in der Horizontale, ein Verhältnis dessen, auf das der Mensch bezogen ist, zweitens, gleichsam vertikal, eine Beziehung zwischen Unfreiheit und Freiheit, die wir ein transzendentes Werden nannten. Das Ich, bei Kleist, ist Form. Dies sahen wir bei der Untersuchung vom Inhalt her, die aber schon auf den Bau ging. Auf der anderen Seite fanden wir, bei der Untersuchung der Fügweise, daß in den beiden betrachteten Gedichten das Gefüge, als das wir sie verstehen müssen, offen ist und nicht, als Geschlossenes und in sich ruhend, dem Zuschauer, Hörer oder Leser gegenüber steht, und daß dieser und das Gedicht in eigentümlicher Weise derart aufeinander bezogen werden, daß das, was man als anschaubares Geschehen in der Dichtung selber erwartet, zu einem Vorgang zwischen dem Dichtwerk und dem Menschen, der es in sich aufnimmt, wird. Die Beobachtungen, soweit sie den Inhalt betreffen, zeigen die Aufgabe, vor die sich Kleist gestellt sah: die gestörte Beziehung zum Du. Die Beobachtungen, die die Fügweise betreffen, zeigen die Art der Lösungen. Beides, die Aufgabe und die Lösungen, ist ein Erlebnis des Dichters.

Die Bedeutung des Todes bei Kleist, über den noch gesprochen werden muß, wurde angedeutet.

Sophokles. Die Beziehung zwischen dem aufnehmenden Menschen und der Gestalt oder dem Gefüge, das in seinem Gemüt entstanden ist, ist bei den beiden Dichtern verschieden.

ZWEITER TEIL

INTERPRETATIONEN

Die Beobachtungen, die wir machen konnten, lassen sich in zwei Gruppen einteilen; einmal blicken wir dabei mehr auf die Form der untersuchten Gedichte, besonders die Fügweise, dann hingegen mehr auf ihren Inhalt, das Erleben, Fühlen und Wollen des Dichters. Die betrachteten Gefüge — Prosasatz, „Penthesilea", „Zweikampf" — erwiesen sich als transzendente Vorgänge in der Seele des Zuschauers, Hörers oder Lesers und als tragische Gedichte. Ihre Einheit, so fanden wir, ist dadurch gegeben, daß sich die Teile, ohne unmittelbar greifbaren Zusammenhang untereinander, aus sich selber so verhalten, daß sie eine sich selbst tragende Ordnung bilden, die offen genannt wurde, und die eigentlich in einem, wie es scheint, nur Kleist eigenen Verhältnis der Teile zum Ganzen und zu einander besteht. Auf der anderen Seite erkannten wir als Aufgabe, die Kleist zu lösen hatte, die gestörte Beziehung zwischen dem Menschen und dem Anderen außer ihm, an das er unlösbar gebunden ist, und die Gedichte selbst als Lösungen dieser Aufgabe, indem hier Penthesilea tragisch, in der Bejahung ihres Schicksals, frei wird von Achill, ohne daß Gemeinschaft entsteht, dort Friedrich und Littegarde frei werden in einander, vor dem Tod und der Ewigkeit, und zu wirklicher positiver Gemeinschaft gelangen. Was als Form und Inhalt erscheint, läßt sich vereinigen, indem sowohl die Freiheit Penthesileas als auch die Gemeinschaft Friedrichs und Littegardes eben auf jener oben angegebenen formalen Vereinigung der Teile zum Ganzen beruhen. In den folgenden Interpretationen wird der Versuch einer inneren Geschichte im Werk Kleists unternommen. Wir wollen nicht, unkünstlerisch, die Gedichte statt als selbständige Kunstwerke biographisch als Äußerungen eines sich entwickelnden und reifenden bedeutenden Menschen auffassen, sondern wir wollen zu erkennen suchen, wie aus den gegebenen Bedingungen des Erlebens und der Persönlichkeit des Dichters notwendig, nach künstlerischen Gesetzen, eine bestimmte Reihe der Lösungen folgt. Wir werden dabei zu klarerer Einsicht in Wollen und Müssen des Dichters gelangen und außerdem auch einiges zur Bestimmung der Chronologie leisten können. Allerdings kann es sich bei diesem Versuch nur darum handeln, die innere Reihenfolge, wie sie die Entwicklung der Aufgabe mit den Begründungen und Lösungen erkennen läßt, zu bestimmen. Ob nun die Werke — es handelt sich dabei vor allem um einige Novellen — in dieser Reihenfolge auch wirklich entstanden oder geschrieben worden sind, ist auf diesem Wege nicht mit Gewißtheit zu ermitteln, übrigens aber auch gleichgültig[1]).

[1]) Es wird hier vorausgesetzt, daß die Entstehung der Werke eines Dichters notwendig ist und nicht von seiner Willkür abhängt; daß also, sobald eine Aufgabe gelöst ist, keine weiteren Versuche, diese Aufgabe zu lösen, folgen werden.

III. Kapitel

ZUR CHRONOLOGIE

Der Punkt, von dem aus Kleist zu verstehen ist, ist wohl dieser: Er hat nie eine getragene, sich tragende, ihn tragende Ordnung kennengelernt, die ihn das Notwendige fühlen und erkennen läßt, so daß er es dann tun kann. Er hat von Anfang an ein gestörtes Verhältnis zum Du, überhaupt zu allem Nicht-ich, von dem er sich aber nicht lösen kann, ohne sich selbst zu vernichten, weil der Mensch, wie er erlebt hat und wie er es leben muß, nur in diesen Bindungen existiert. So sieht er als Aufgabe vor sich, den Weg zum Du zu finden, oder, wenn es keinen Weg zum Du gibt, eine andere Möglichkeit, zu leben, frei zu werden[1]).

Wenn wir von der Aufgabe und der Reihe der aufeinander folgenden Begründungen (siehe S. 12) und Lösungen her Kleists Dichten ansehen, können wir drei Perioden unterscheiden. Die erste umfaßt „Schroffenstein", die „Verlobung in St. Domingo", den „Findling", den „Zerbrochenen Krug" und den „Guiskard". Der „Prinz von Homburg" und der „Zweikampf" bilden die dritte, neben der die „Heilige Cäcilie" und das „Bettelweib von Locarno" stehen. Die übrigen Gedichte gehören der zweiten Periode an. Im äußeren Leben entsprechen diesen Perioden der Dichtung die Abschnitte zwischen der Kantkrise und dem Zusammenbruch in Mainz, zwischen diesem und dem Zusammenbruch in Prag, und endlich zwischen diesem und seinem Tod.

Was wir sonst von Kleists Leben wissen, ordnet sich zwanglos diesem Bilde ein. Der „Lebensplan" setzt die Trennung Ich-Welt voraus; statt zu tun, was als notwendig, von der Welt her, erlebt wird, bedeutet er, daß aus dem Ich heraus gesetzt wird, was zu tun ist. Ebenso setzen das Verhältnis zu Wilhelmine und die immer wiederkehrende Aufforderung zu vertrauen, die zwischen Liebenden, die wahre Gemeinschaft haben, in dieser Weise garnicht möglich ist, eine Störung der Beziehung voraus. Aus dem gestörten Verhältnis zur Welt einerseits (Lebensplan) und zu Wilhelmine andrerseits sucht Kleist Rettung in der Philosophie und also, der Zeit entsprechend, bei Kant. Wir müssen uns vorstelllen, Kleist hatte Not, mit den Menschen und vor allem seiner Braut zu einer wahren innigen Gemeinschaft zu kommen. Nun ist gewiß noch niemand, der sich in dieser Lage befand, darauf verfallen, gerade von der kantischen

---

[1]) Es gibt auch ganz andere Aufgaben für einen Dichter, z. B. eine sittliche Weltordnung, um deren Lösung sich Goethe und Schiller in den Jahren ihrer Zusammenarbeit mühten.

Philosophie da Hilfe zu hoffen. Trotzdem war Kleists Gefühl richtig. Denn die Philosophie, obwohl sie die Beziehungen nicht schaffen kann, hat doch die Aufgabe, an den Punkt zu führen, wo dann von Kunst, Dichtung und Religion die Beziehungen geschaffen werden müssen. Auch Kant löste ja diese Aufgabe, aber weil er einseitig Denker war, in einer Weise, mit der Kleist, der ganz aus dem Gefühl und der Wirklichkeit hingegeben lebte, nichts anfangen konnte, so daß er ihn notwendig mißverstand, und nun von der Philosophie zur Antwort auf seine quälenden Fragen erhielt: daß wir Wahrheit nicht erkennen können, daß es keinen Weg zum Anderen und zum Du gibt. Damit sieht er sich endgültig zurückgeworfen auf sich selber, den Lebensplan gibt er auf und löst das Verlöbnis mit Wilhelmine[2]). — Über seine Beziehung zum Vaterland wird erst später, bei der Erklärung des „Prinz von Homburg", einiges gesagt werden können.

1. „Schroffenstein", „Verlobung", „Zerbrochener Krug"

Die „Familie Schroffenstein" ist von den uns bekannten Werken Kleists das früheste. — Die beiden Häuser der Familie, zu Rossitz und zu Warwand, sind seit Jahren verfeindet. Der Streit, der, wie kurz mitgeteilt wird, um einen Erbvertrag anhub — dieser Anlaß ist aber fast vergessen — gehört zum Leben der Familie wie z. B. Sommer und Winter oder die täglichen Mahlzeiten. Es geschieht ein Unglück: Peter, der kleine Sohn des Grafen zu Rossitz, Rupert, wird tot aufgefunden; er ist ertrunken. Das Stück beginnt mit einem Racheschwur der Rossitzer:

„Ich schwöre Rache! Rache! Auf die Hostie,
Dem Haus Silvesters, Grafen Schroffenstein!" (III, S. 4)

von denen doch — wer wollte daran zweifeln! — der Kleine ermordet wurde. Auch zu Warwand ist ein Sohn gestorben — vergiftet,

„. . . die Sache lag so klar
Vor aller Menschen Augen, daß ein jeder,
Noch eh man es verbergen konnte, schon
Von selbst das Rechte griff." (III, S. 33)

— denn daß dieser Tod natürlich sein sollte, wo man doch in Feindschaft mit denen zu Rossitz lebt, wer dürfte das glauben! So beherrscht das Mißtrauen — „die schwarze Sucht der Seele" — die beiden Zweige der

---

[2]) Fricke, der diese innere Situation Kleists erkennt, wendet sie zu sehr ins Bewußt-religiöse: was ist Gottes Wille mit mir? und gebraucht theologische Begriffe die schon begrifflich ausdrücken, was Kleist selbst offenbar so nicht benennen wollte. Sicher scheint doch nur, daß Kleist sich in einer Lage befand, in der er nicht leben konnte, und daß, was er suchte, offensichtlich nicht diesseitig irdisch war.

Familie. — Ottokar, der Sohn Ruperts, und Agnes, Tochter Silvesters, lieben sich. Wie die Eltern von Mißtrauen und Haß bewegt werden, so unbedingt vertrauen einander die Liebenden. Aber Haß, Irrtum und Mißtrauen sind stärker als das Vertrauen: die Liebenden müssen sterben, ihre Väter töten sie, jeder, getäuscht durch den Kleidertausch, das eigene Kind, und vernichten so selbst den Sinn ihres Lebens. Mißtrauen und Irrtum wirken eine Kette sinnlosen Unheils:

„Wenn ihr euch totschlagt, ist es ein Versehen.“ (III, S. 167)

Der Stoff ist: unversöhnlich entzweite Eltern und die liebenden Kinder. Der Inhalt — Erleben und Gefühl — ist: die Beziehungen zwischen den Menschen sind gestört, Irrtum und Mißtrauen herrschen; dem steht als heile Beziehung das unbedingte Vertrauen, der Liebenden, entgegen. Wir fragen nach der Begründung der Katastrophe: warum müssen Ottokar und Agnes, die letzten Schroffensteiner, sterben, in ihnen die Familie untergehen? und finden als letzte nicht weiter begründete Ursache Irrtum und Mißtrauen selbst; denn der Erbvertrag wirkt nicht dramatisch und bloß durch den Verstand. Kleist, so dürfen wir sagen, hat Vertrauen und Mißtrauen als die menschlichen Haltungen, in denen die heilen oder gestörten Beziehungen zwischen den Menschen sich äußern, erlebt, und er hat in „Schroffenstein“ dies Erleben, ohne weiter zu begründen, dargestellt.

Das Erleben — Vertrauen und Mißtrauen — und der Stoff — die feindlichen Eltern und die liebenden Kinder — war nun so gestaltet, daß das Mißtrauen in den Eltern und das Vertrauen in den Kindern war und die Väter in blindem Haß ihre eigenen Kinder töteten. Damit sind die Gestaltungsmöglichkeiten nicht erschöpft. Wie nun, wenn das Mißtrauen in den Kindern selber ist. Wenn nicht die Eltern die Kinder töten, sondern diese sich gegenseitig? Die Vorstellungskraft im Dichter muß notwendig auch auf diese Möglichkeit der Gestaltung stoßen. Schon in „Schroffenstein“ ist sie ja in der Szene an der Quelle und in dem Verhältnis von Agnes und Johann da; nur wird sie hier nicht in die Mitte gestellt und die Dichtung auf ihr aufgebaut.

In der „Verlobung in St. Domingo“ sind die wichtigen Gestalten Gustav und Toni. Gustav, ein junger Schweizer, der mit einer befreundeten Familie vor aufständischen Negern flieht, findet im Haus eines der Anführer derselben, der gerade wegen eines Raubzuges abwesend ist, Unterkunft; allerdings nimmt ihn die Haushälterin, eine alte

Schwarze, nur auf, um ihn desto sicherer, zusammen mit seinen Freunden, der Rache des Negers überliefern zu können. Toni ist die Tochter der Alten. Gustav und Toni lernen sich näher kennen, sie lieben sich, sie sind sich „durch einen Eidschwur verlobt, obschon sie keine Worte darüber gewechselt haben" (VI, S. 43). In der zweiten Nacht wagt Toni den Geliebten, der von ihr zu träumen scheint — „der Mond beschien sein blühendes Antlitz, und der Nachtwind, der durch das geöffnete Fenster eindrang, spielte mit dem Haar auf seiner Stirn" — nicht zu wecken; sie kniet nur an seinem Bett nieder und bedeckt seine Hand mit Küssen: als sie plötzlich und unerwartet den Neger zurückkehren hört. In ihrer Angst weiß sie sich nicht anders zu helfen, als den Freund, um ihn an sinnloser Gegenwehr zu hindern und Zeit zu seiner Rettung zu gewinnen, mit Strick ans Bett zu fesseln und ihn, scheinbar, dem Neger in die Hände zu liefern. Inzwischen besiegen die von Toni herbeigerufenen Freunde Gustavs die Schwarzen und befreien ihn. Aber er, der sich von Toni verraten glaubt, schießt sie, ohne auf sie und die Freunde zu hören, nieder. Sie stirbt mit den Worten: „Du hättest mir nicht mißtrauen sollen!" (VI, S. 43). Man rüttelt den Rasenden, man schreit ihm in die Ohren, was gewesen und was er getan. „Oh, rief er, ist das, was ihr mir sagt, wahr?" und: „Gewiß, sagte er, ich hätte dir nicht mißtrauen sollen!" (VI, S. 43). Und ehe man ihn daran hindern kann, jagt er sich die andere Kugel in den Kopf.

Die Novelle geht in zwei wichtigen Punkten über „Schroffenstein" hinaus: das Mißtrauen wirkt im Innern der Beziehung, in der nur das völligste Vertrauen herrschen sollte, in der Liebe — in „Schroffenstein" mißtrauten sich Menschen, die sich verhältnismäßig fern stehen —; und Irrtum und Mißtrauen werden nun begründet. Teils schon aus der Situation — Toni will Gustav retten, und er kann sich von ihr verraten glauben —, teils psychologisch — Toni wagt nicht, den Geliebten zu wecken —, teils aus dem Charakter Gustavs — schon einmal hat ein Mädchen seinetwegen den Tod erlitten. Doch können diese Versuche einer Begründung noch nicht verhindern, daß der Leser Gustavs Schuß als unsinnigen Zufall empfindet; man möchte, mit seinen Freunden, ihm die Waffe aus der Hand reißen und zurufen: du irrst, Toni liebt dich! man hat nicht das Gefühl, daß er sie töten muß. So erschüttert die Novelle den Leser, drückt ihn nieder; aber eine Lösung wird nicht gegeben.

Die Vorstellungskraft, die, vielleicht ohne daß der Dichter sich dessen bewußt war, an der Gestaltung des Erlebens weiterbildete, ist noch einen dritten Weg gegangen. Kleist schreibt in einem Vorwort zum „Zerbrochenen Krug" von einem Bild, das für ihn der Anlaß zu seinem Lustspiel geworden sei. Ob sich das wirklich so verhält, ist für uns unwesentlich; jedenfalls sehen wir in der Beschreibung des Bildes eine frühere Fassung des Stoffs. Das Bild, ohne Kleists Hindeutungen auf das Lustspiel, zeigt offenbar einen gravitätischen Richter, vor dem eine Frau mit einem zerbrochenen Krug in der Hand, ein sich nur noch schwach verteidigender junger Mann und ein weinendes Mädchen stehen; außerdem ist da noch der Gerichtsschreiber. Man kann das Bild so auslegen: der junge Mann hat das Mädchen besucht, wie es scheint lieben sich die beiden, und hat dabei den Krug zerschlagen; die Frau hat ihn vor dem Richter verklagt, und der verurteilt ihn zu irgendeiner Strafe, wahrscheinlich, den Krug zu ersetzen. Mehr wird aus dem Bild nicht herauszusehen gewesen sein.

In dieser Fassung hätte Kleist mit dem Stoff nichts anfangen können. Aber in ihm ist ja noch etwas Ungelöstes, Unklares, das die Vorstellungskraft zur Tätigkeit reizen muß. Warum weint das Mädchen? Das führt zu der nächsten Frage: wie, bei welcher Gelegenheit wurde der Krug zerbrochen? Nun beginnt die Vorstellungskraft zu begründen. Die einfachste, naheliegendste und vermutlich von dem Maler gemeinte Begründung ist diese: Die jungen Leute lieben sich, er besuchte das Mädchen, vermutlich heimlich; dabei zerschlug er den Krug. Auf den entstehenden Lärm hin kam die Mutter des Mädchens und ertappte die Liebenden. In ihrem Zorn, wohl mehr wegen der Schande, die die Tochter über die Familie bringt (nicht umsonst ist es ein Krug, der zerbrochen wird), als wegen des erlittenen Schadens, denkt sie bloß, sich Genugtuung zu verschaffen, und schleppt den Jüngling, ohne auf die Tränen der Tochter zu achten, vor den Richter.

In dieser Fassung wäre die Geschichte für einen anderen Dichter brauchbar gewesen. Aber auch so konnte sie Kleist nicht interessieren. Indessen fragt die Vorstellungskraft weiter: wie nun, wenn ein anderer den Krug zerschlagen hat? Und da wird die Geschichte plötzlich interessant für Kleist; denn jetzt kann sich sein Erleben mit dem Stoff verbinden. Wenn nämlich ein anderer den Krug zerschlug, dann muß ja eine Spannung nicht nur zwischen der Mutter und dem vermeintlichen Täter, sondern vor allem zwischen den beiden Liebenden sein. Dann weint das Mädchen nicht wegen der Schande, weil es mit dem Geliebten ertappt wurde, sondern weil das Verhältnis zum Geliebten selber gestört ist. Wir sehen, wie die wichtigsten Beziehungen entstehen. Die Mutter hat einen gewaltigen Zorn auf den jungen Mann, dieser auf das Mädchen; in dieser Fassung des Stoffes müssen die beiden verlobt sein. Der Zorn der Mutter und der Zorn des jungen Mannes müssen notwendig die Liebe zerstören. Nun fragt sich, wer den Krug zerschlagen hat. Da sind drei Möglichkeiten: irgendein Fremder, oder der Schreiber, wie Kleist das Bild zu deuten scheint, oder der Richter. Kleist tat den glücklichsten

Griff, indem er den Richter wählte. Denn der Bau, die Beziehungen hätten auch gestimmt, wenn er einen anderen den Krug hätte zerschlagen lassen, aber er hätte sehr viel mehr Aufwand treiben müssen und doch nicht dieselbe Geschlossenheit erreicht.

Zuerst scheint es, als begründe Kleist im „Zerbrochenen Krug" kaum anders als in der „Verlobung in St. Domingo": Eve will den Bräutigam aus einer Gefahr, in der sie ihn glauben muß, vor der Verschickung nach Batavia, von wo nur wenige zurückkommen, retten; Ruprecht, der sie mit einem Mann, den er im Dunkeln nicht erkennen kann, überrascht, glaubt sich von ihr betrogen. Aber es sind doch bedeutende Unterschiede.

Erstens, wenn wir als Zuschauer oder Leser auf unsere Empfindungen achten, bemerken wir, daß wir in gleicher Weise an Ruprechts und Eves Glück und Unglück teilnehmen; vom Schicksal des Dorfrichters, der doch in der Mitte der Gestaltung steht, werden wir nur wenig bewegt, ja, wenn wir darauf warten, daß seine trüben Wünsche und Machenschaften ans Licht gebracht werden, bangen wir auch und gerade dann um die Liebe der jungen Leute und nicht um den Richter.

Zweitens, wir hatten gesehen, daß Gustav Toni mißtraute, weil sie ihn nicht anders zu retten wußte, als indem sie ihn scheinbar den Negern auslieferte, daß diese Begründung Kleist jedoch nicht ausreichend schien und er deswegen außerdem noch psychologisch durch das verständliche, aber törichte Bedenken Tonis, den Schlafenden zu wecken, und aus Gustavs Charakter begründete; dadurch kam etwas Zufälliges in die Novelle, und die Lösung befriedigte nicht. Was bedroht nun Ruprechts und Eves Liebe? Der Dorfrichter Adam, in sich einheitlich und in Übereinstimmung mit seinem Schicksal, als Gestalt, durch sein Wollen und Tun und seine ganze Art: er begründet die Störung der Beziehung; und dann — darauf beruht die wunderbare Geschlossenheit dieses Werkes — durch eben das, was die Bedrohung herbeiführt, indem er nicht aus seiner Art kann und also sich selbst entlarven muß, hebt er sie auch wieder auf. Ruprecht und Eve, ihr Wesen, ihr Fühlen und Handeln, ergeben sich unmittelbar aus der Situation, in die sie durch Adam gebracht werden; jedes Mädchen will sich den Geliebten erhalten, jeder Bräutigam muß sich betrogen glauben, wenn er einen Fremden, mit den Absichten Adams, in der Kammer der Braut antrifft. Eine besonders glückliche Folge dieses Baus ist, daß Ruprecht und Eve miteinander als Leidende erscheinen und alles Handeln von Adam ausgeht[3]).

[3]) Es mag scheinen, auch im „Zerbrochenen Krug" werde aus dem Charakter begründet, nämlich aus dem Charakter Adams. Aber es handelt sich garnicht darum, hier Handlungen Adams zu begründen, sondern Adam mit seinem Charakter ist die

Drittens, der „Zerbrochene Krug" ist Lustspiel. Das Erleben Vertrauen und Mißtrauen, das in „Schroffenstein" und der „Verlobung" tragisch gestaltet wurde, und das für den betroffenen Menschen natürlich traurig ist, ihn vielleicht sogar vernichtet, findet seine befriedigende Gestaltung im Lustspiel, in dem die Kämpfe nicht ernst, sondern komisch empfunden werden: Irrtum und Mißtrauen sind komische Folgen eines törichten Tuns törichter Menschen.

So findet im „Zerbrochenen Krug", der auf Ruprecht und Eve gebaut ist, in dem gut, ganz aus der Situation und den allgemeinen menschlichen Anlagen und Bedingungen, begründet wird — Eve und Ruprecht verhalten sich so, wie sich in ihrer Lage, unabhängig von Psychologie und Charakter, jedes Mädchen und jeder Bräutigam verhalten würden —, und der Lustspiel geworden ist, ein Erleben Kleists: Irrtum, Mißverstehen, Mißtrauen, soweit es an sich selber die gestörte Beziehung zwischen den Menschen ausdrückt, seine gültige, gemäße Gestaltung.

2. *„Robert Guiskard"*

Vielleicht führt von hier aus ein Weg zu einem immerhin besseren Verständnis, als es bisher möglich war, des „Guiskard".

Die Tragödie „Robert Guiskard" ist nicht gedichtet worden. Ein innerer Zwiespalt im Gedicht, wie wir sehen werden, verhinderte seine Vollendung. Zehn Auftritte, 524 Verse, existieren, die kaum die ganze Exposition bilden. Wir wollen in ihnen die Enden der Fäden suchen, aus denen Kleist sein Gedicht knüpfen wollte, zwar nicht, um Theorien über den weiteren Gang der Handlung aufzustellen, denn das ist unmöglich, aber um die wichtigsten Verhältnisse zwischen den Gestalten und Kleists Ziel vielleicht zu erkennen.

Die wichtigsten Gestalten sind: Guiskard, das Heer (Volk), Robert und Abälard. Einander zugeordnet sind Guiskard und das Heer (Volk), (1. Auftritt, v. a. V. 1—6, ferner V. 90, 100, 340—80, 407—10, 425—36, 449—53, 471—74, 484/5, 493/4) und Robert und Abälard (V. 221—330, 380—86, 398/9).

Die Beziehung Guiskard-Heer ist, daß ihr Schicksal zusammengeht (V. 2/3, 53, 331f, 484/5, 493/4, 520—22). Die Beziehung Robert—Abälard ist Rivalität (V. 260—87, 380—86).

Situation, die Ruprechts und Eves Liebe bedroht. Wenn es noch eines Beweises bedurft hätte, daß Adam nicht Zweck, sondern Mittel ist, so würde es allein hierdurch bewiesen.

Die Schicksalsbeziehung Guiskard-Heer gibt die Situation, schafft den Raum und bildet den Zweck des Dramas; Herrscher und Volk sind die Leidenden, d. i. Helden des Gedichts. Aus der Rivalität der Prinzen entwickelt sich die Handlung.

Abälard ist edel, Robert ist gemein und unbedeutend.

Die Beziehung der Prinzen zueinander kreuzt die Beziehung Guiskard-Heer. Die Prinzen, so gegensätzlich sie zu einander stehen, verhalten sich gleich, nach der einen Seite gegen Guiskard (V. 222, 239, 247, 259, 487/8), nach der anderen Seite gegen das Heer (V. 278, 284/5).

Robert ist der Sohn Guiskards und mit ihm durch die Geburt verknüpft; aber den Geist des Vaters hat er nicht geerbt.

Abälard, nicht Guiskards Sohn, ist aber ihm ähnlich; er besitzt die Eigenschaften und Vorzüge, deretwegen das Heer nach dem Tod des letzten Herzogs, Abälards Vaters, Guiskard, dem jüngeren Bruder des Verstorbenen, die Krone antrug.

Guiskard ist Herrscher nicht durch Recht (es wird Erbrecht angenommen), sondern durch seine persönliche Bedeutung. Robert hat aber nicht die innere Größe seines Vaters. Abälard hat von seinem Vater her einen Anspruch auf den Thron.

Der Absicht Guiskards, daß nach ihm sein Sohn Herzog werde (V. 376/7), steht die Liebe des Heers zu Abälard entgegen (V. 288—307).

Das Ziel innerhalb der Dichtung ist die Katastrophe (V. 1—6 und andere), die als unmittelbare oder mittelbare Folge des Sturms auf Konstantinopel eintreten wird (V. 30, 359—62, 374/5 !, 448).

Die Schicksalsbeziehung Guiskard-Heer wird als Spannung entwickelt: Guiskard strebt vorwärts (V. 448), das Heer strebt rückwärts (V. 518—24).

An zentraler Stelle im „Guiskard“ steht die Pest. Sie schafft erstens die Situation vor dem Schicksal. Zweitens kommt an ihr die Rivalität der Prinzen zum Austrag: der Streit, der an sich um anderes geht, wird äußerlich so dargestellt, daß Robert Guiskards Krankheit dem Heer zu verheimlichen sucht, während Abälard sie ihm mitteilt.

Die zehn Auftritte sind im wesentlichen ausgefüllt durch das Bemühen Guiskards und seiner engsten Familie, seine Ansteckung dem Heer (Volk) zu verbergen (3. Auftritt, V. 156f, 318/9, 8. und 10. Auftritt), und durch die langsam gewisser werdende Erkenntnis des Greises, daß Guiskard angesteckt ist (4. und 5. Auftritt V. 336—59, 460, 492, 500). Dem Zuschauer ist die Wahrheit klar (vgl. auch V. 516).

Die Katastrophe soll offenbar durch diese Täuschung des Volks ausgelöst werden.

V. 477—80 lassen vermuten, daß Guiskard selbst einer Täuschung zum Opfer fällt. Vgl. auch V. 28—30 und 448.

Ihrem Wesen nach gehören Guiskard und Abälard zusammen; ihr Verhältnis ist aber gestört durch die vorausgesetzte Lage (Abälard hat von seinem Vater her einen Anspruch auf den Thron), ferner durch die Auflösung der inneren Ordnung im Lager, die von Abälard als Tatsache anerkannt und gefördert wird, und der Guiskard noch entgegenwirkt. Das Verhältnis Guiskard-Robert ist ein Mißverhältnis (siehe die Haltung des Heers gegen sie).

Aus der Situation ergeben sich die Schicksalsbeziehung Guiskard-Heer (Volk), der Charakter Guiskards, das Recht Abälards. Nicht dagegen die Charaktere Roberts und Abälards, die zufällig sind. Man spürt das deutlich (V. 389, 392—97).

Einerseits lassen die aufgezählten Beobachtungen die Lösung so erwarten: Durch den Streit der Prinzen, d. i. die Auflösung der Ordnung, wird im entscheidenden Augenblick, beim Sturm auf die belagerte Stadt, die tragende Ordnung Guiskard-Volk zerbrechen. Andrerseits könnte man auch denken: der Sturm gelingt; aber Guiskard wird sich gezwungen sehen, den edeln Abälard gegen seinen unwürdigen Sohn aufzuopfern, das Heer wird diesen aber nicht anerkennen, so wird der Sieg sinnlos und mit Guiskards Tod alles zusammenbrechen. Das sind zwei ganz verschiedene Möglichkeiten, deren eine sich aus der Situation die andere aus den Charakteren der Prinzen entwickelt. Die beiden Möglichkeiten haben miteinander wenig oder nichts zu tun, denn für die erste sind die Charaktere der Prinzen unwesentlich, für die zweite hat die Situation keine Bedeutung. Nun scheinen aber, soweit wir das aus dem Fragment erkennen können, diese beiden Möglichkeiten dennoch verknüpft derart, daß der Streit der Prinzen, der (1. Möglichkeit) die Katastrophe herbeiführt, sich (2. Möglichkeit) aus den Charakteren der Prinzen entwickelt. Die einzelnen Motive, die zur Katastrophe führen, sind: Feindschaft (der Prinzen untereinander), Mißtrauen (Guiskards gegen Abälard), Täuschung (des Heers durch Guiskard und seine Familie), eventuell auch ein Irrtum Guiskards über das ihm bestimmte Schicksal.

Der Plan zum „Guiskard“ folgt, soweit wir das feststellen können, unmittelbar auf „Schroffenstein“. Kleist hat an ihm eineinhalb Jahre gearbeitet, bis zur Vernichtung des unfertigen Werkes in Paris, worauf der Zusammenbruch in Mainz folgte. Während dieser eineinhalb Jahre hat er die „Verlobung“ und den „Zerbrochenen Krug“ gedichtet. Später hat er versucht, den Entwurf des „Guiskard“ wieder aufzunehmen. Der Versuch mißlang, aber wir verdanken ihm die erhaltenen zehn Auftritte.

Wir hatten die Entwicklung einer Aufgabe von „Schroffenstein“ zum „Zerbrochenen Krug“ gefunden und so klar zu machen gesucht, daß wir sagten, am Anfang, als Erleben, standen, als gestörte Beziehung zum Du, Mißtrauen, Mißverstehen und Irrtum. Die Bemühung, Mißtrauen und Irrtum zu begründen, führte über die „Verlobung", in der schlecht und teilweise psychologisch bzw. aus dem Charakter, zum „Zerbrochenen Krug", wo gut, ganz aus der Situation begründet wird. Die im „Zerbrochenen Krug" gefundene Lösung ist im Hinblick auf das zugrunde liegende Erleben, wie wir sahen, endgültig; und sie ist komisch.

Der „Guiskard" folgt auf „Schroffenstein", während der Arbeit an ihm entstanden die „Verlobung" und der „Zerbrochene Krug". Er enthält eigentlich zwei Dichtungen: die eine hat das Schicksal eines Volkes, die andere die Selbstvernichtung einer Familie durch Haß und Mißtrauen zum Gegenstand. Die beiden Dichtungen haben nichts miteinander zu tun. Es muß Gründe geben, daß Kleist sie dennoch vereinigt.

In „Schroffenstein" steht das Mißtrauen am Anfang, Kleist begründet es nur gedanklich, nicht dramatisch, mit dem Erbvertrag. Nun kann man sich vorstellen, daß er den „Guiskard" auf der Stufe von „Schroffenstein" begann, daß ihm da noch das sich in Mißtrauen und Irrtum vollendende Verhängnis genügte. Aber während der Arbeit fühlte er, daß er begründen müsse. So läßt er die Handlung sich aus den Charakteren der Prinzen entwickeln. Dadurch kommt etwas Zufälliges und Fremdes in die Dichtung; man spürt das deutlich. Dieser Stufe entspricht die „Verlobung". Indem die Vorstellungskraft weiterarbeitet, gelangt sie zu der Lösung im „Zerbrochenen Krug". Da zeigt sich aber, daß die Aufgabe nicht tragisch, sondern komisch war.

Man stelle sich Kleists Lage vor. Er arbeitet eineinhalb Jahre an einem Gedicht, das sein furchtbares Erleben ausdrücken soll, und dessen Vollendung, da in ihm zwei Dichtungen vereinigt werden sollen, durch diesen Widerspruch unmöglich ist. Inzwischen dichtet er, da er geeignetere Stoffe findet, andere Dichtungen, und in einer von diesen findet er die Lösung. Aber er merkt das nicht, daß er die Lösung schon gefunden hat, und arbeitet verzweifelt weiter an einem Werk, das gar nicht vollendet werden kann.

Nach „Schroffenstein" ging es darum, Mißtrauen und Irrtum als notwendig zu begründen. Das fühlte Kleist bei der Arbeit am „Guiskard". Er dichtete, gewissermaßen nebenbei, die „Verlobung in St. Domingo" und den „Zerbrochenen Krug", die man aus der Suche nach einer Begründung von Mißtrauen und Irrtum erklären kann. Die Begründung im „Guiskard" sollte der Streit der Prinzen sein, der sich aus ihren Charakteren entwickelt. Da diese aber nicht notwendig aus der Situation und daher ihre Handlungen nicht aus den allen Menschen gemeinsamen menschlichen Anlagen und Bedingungen folgen, war die Begründung selber zufällig. Deswegen konnte das Gedicht nicht gelingen.

Über den „Guiskard“ ist ein Wort Wielands überliefert: die Tragödie werde die Vorzüge des Sophokles mit denen Shakespeares vereinigen. — Die ältere attische Tragödie begründet immer aus der Situation. Kreon ist der König der Stadt: deswegen muß er dem toten Polyneikes, der Krieg gegen seine Vaterstadt geführt und die Verbindung zwischen sich und ihr zerrissen hat, die Bestattung in der heimatlichen Erde verweigern; Antigone ist die Schwester des Toten: deswegen muß sie ihn dennoch bestatten; Hämon ist der Bräutigam Antigones: deswegen muß er mit der Braut sterben wollen. Sophokles hatte erlebt, daß das Leben so ist, daß der König den toten Verräter den wilden Tieren vorwirft, daß die Schwester ihr Leben für den Bruder hingibt, daß der Bräutigam mit der Braut stirbt, und daß so der König selbst den Sinn seines Lebens vernichtet. Hier ist alles notwendig und richtig; wenn es anders wäre, wäre es töricht und falsch. — Von Shakespeare nahm man an, daß sich in seinen Dramen, im Gegensatz zur attischen Tragödie, die Handlung aus den Charakteren entwickle. Ob diese Ansicht richtig oder falsch ist, braucht hier nicht untersucht zu werden; Wieland hatte diese Ansicht. So meinte er offenbar, daß Kleist — in die Sprache dieser Arbeit übersetzt — im „Guiskard“ durch die Situation und zugleich auch durch die Charaktere begründe.

Im „Zerbrochenen Krug“ ist die Lösung notwendig und richtig, weil sich Irrtum und Mißtrauen aus einer einfachen klaren Situation ergeben. Was bewegte nun Kleist, weiterhin an der tragischen Lösung zu arbeiten, indem er die Tragik aus den Charakteren begründen wollte, nachdem sich die Aufgabe bereits als komisch herausgestellt und er die gültige — komische — Lösung gedichtet hatte?

Die Antwort ist: Als sich die Aufgabe, wie sie durch das Erleben gegeben war, als komisch erwies, während er sie doch als so fürchterlich erlebt hatte, genügte Kleist diese Lösung nicht, weil sie wohl seinem Erleben, nicht aber seinem Gefühl und Wollen angemessen war; er wollte die tragische Lösung, und wenn er, wegen seines Erlebens, eine komische fand, so war ihm demnach das Erleben selber ungenügend. Zweitens, wenn er bei der Gestaltung von der Begründung aus den Charakteren zur Begründung aus der Situation gelangte, womit er eine gültige Lösung fand, und dennoch weiter aus den Charakteren zu begründen suchte, so zeigt das, daß er garnicht die Charaktere, sondern etwas ganz anderes, aber ebenso einmalig individuelles wie diese, meinte. Wir haben bisher Kleists Weiterarbeit am „Guiskard“ von seinem ersten Erleben aus beurteilt, das seine endgültige Gestaltung im „Zerbrochenen Krug" erhalten hatte. Wir können sie aber auch, statt bedingt durch ein in der Vergangenheit liegendes Erleben, als ein in die Zukunft gerichtetes Streben verstehen. Wir können sagen, Kleist mißlingt der Versuch, Notwendigkeit aus den Charakteren abzuleiten. Aber wir können auch sagen, er sucht etwas ganz anderes, das er nur mit den Charakteren verwechselt. So verstanden, ist die Weiterarbeit nicht mehr der mißlungene Versuch, ein altes Erlebnis zu gestalten, sondern ein Weg zu einem neuen Erleben. Wäre Kleist auf der Ebene von „Schroffenstein" geblieben, so hätte er ohne Schwierigkeit den begonnenen „Guiskard" fertig gemacht; er hätte den inneren Widerspruch gar nicht bemerkt. Aber er lernte während der Arbeit die Forderungen seiner Kunst, und als er soweit war, daß er das Werk hätte dichten können, zeigte sich, daß nun das bisher Erlebte nicht mehr genügte[4]).

3. „Das Erdbeben in Chili". „Der Findling"

Kleists Tragödie, „Penthesilea", steht in der Mitte seines Werks. Penthesilea tötet Achill. Die Beziehung zwischen ihr und dem Geliebten ist gestört, beide leben aneinander vorbei, sie fühlt, auch in ihm, nur sich selbst. Sie kann ihr Ich, ihr Penthesilea-sein nicht anders erfüllen, als indem sie ihn und, da sie nur in der Beziehung zu ihm existiert, auch sich tötet. Aber indem sie stirbt, wird sie, im Tod, frei. Ihre Gefangenschaft in der gestörten Beziehung zu Achill und ihre Freiheit im Tod werden ineinander gefühlt, das Gedicht ist die Darstellung eines jenseitigen Vorgangs im Zuschauer durch die unserer Fähigkeit sinnlicher Anschauung angemessenen Mittel. In „Penthesilea" vereinigen sich die verschiedenen Linien der Entwicklung, die durch Kleists dichterisches Werk hindurch gehen. Eine dieser Linien ließ sich am „Guiskard" und an der Folge „Schroffenstein", „Verlobung in St. Domingo", „Zerbrochener Krug" aufzeigen: die Beziehungen zwischen den Menschen sind gestört, Kleist sucht die tragische Lösung, obwohl er bei guter Begründung eine komische Lösung findet, und er sucht sie, indem er aus den Charakteren oder, wie es schien, etwas anderem, so individuell und ein-

[4]) Merkwürdig ist noch, daß Kleist, viel später, noch einmal an eine Vollendung des „Guiskard" gedacht hat, nachdem er das neue Erleben schon gestaltet hatte. Er hatte als neue Möglichkeit, trotz Sinnlosigkeit in der Welt und gestörter Du-beziehung zu leben, die Treue des Ich gegen sich selber erlebt. Da muß ihm am „Guiskard" als neue mögliche Lösung erschienen sein, den sterbenden Herrscher sich behauptens zu lassen inmitten vollkommener Auflösung, allein durch die innere Kraft des Ich. Auch dieser Versuch schlug fehl, wegen der Widerspenstigkeit des unorganischen Stoffs, und weil sich hier die Katastrophe nur schwer, wenn überhaupt, aus dem Ich selber begründen ließ.

malig Konkretem, wie die Charaktere sind, die gestörte Beziehung begründet. In „Penthesilea“ begründet er aus dem Ich, das neue Erleben ist das Ich. Es findet seine erste Gestaltung in der Bearbeitung des „Amphitryon“. Doch bevor wir diesen und die „Marquise von O.“ ansehen, wollen wir noch zwei Novellen betrachten, die, da in ihnen ein bewußtes Ich-erleben noch nicht angetroffen wird, entweder neben der Arbeit am „Guiskard“ oder wenigstens vor dem „Amphitryon“ entstanden sein müssen.

Das „Erdbeben in Chili“ ist in drei Abschnitte unterteilt, deren jeder von den anderen deutlich unterschieden ist. Wir sehen keinen verwickelten Konflikt; wenige klar gegeneinandergestellte Personen; keine ungewöhnlichen psychologischen Verhältnisse; keine Möglichkeit, einen symbolischen Sinn zu vermuten, denn das Kind hat eine andere Bedeutung.

Der Inhalt ist die Geschichte zweier Liebender, die mit ihrer Umwelt in Konflikt geraten. Man sperrt sie ein und verurteilt sie zum Tode; sie scheinen verloren. Da führt sie ein unbegreifliches Ereignis, das Erdbeben, wieder zu einander; sie scheinen gerettet. Aber da sie, Gott für ihre Rettung zu danken, am Gottesdienst in der einzigen erhaltenen Kirche teilnehmen, werden sie erkannt, das rasende Volk hält sie für Schuld am allgemeinen Unglück und schlägt sie tot.

Wir wollen Beobachtungen aneinander reihen, die zum Schluß vielleicht ein einheitliches Gesamtbild ergeben.

1. Da ist die Einteilung in drei von einander deutlich abgesetzte Abschnitte. Im ersten wird über die Vorgeschichte, über das Erdbeben selbst und von der glücklichen Wiedervereinigung der Liebenden, Jeronimos und Josephes, berichtet; dieser Abschnitt ist sieben Seiten lang. Der zweite Abschnitt erzählt vom Glück der beiden, wie sie, bei der allgemeinen Not, von einigen Bekannten, darunter Don Fernando, freundlich aufgenommen werden, wie überhaupt sich, scheinbar, für sie alles zum Guten gewendet hat; dieser Abschnitt ist etwas über drei Seiten lang. Und im dritten wird dargestellt, wie sie mit ihrem Kind, zusammen mit Don Fernando, dessen kleinen Juan sie ebenfalls mitnehmen, und dessen Schwägerin, in die Stadt zurückkehren, um an einem Gottesdienst teilzunehmen, der als Dank für die Errettung der Überlebenden abgehalten wird; das Volk, aufgestachelt durch eine Predigt, in der unsere Liebenden genannt werden als Beispiel für die Laster, die in der Stadt herrschten und deretwegen das Gericht über alle gekommen ist, erkennt sie; Don Fernando versucht, seine Gesellschaft vor der wütenden Menge zu beschützen; aber da das, wegen deren Überzahl, nicht möglich ist, bieten sich Jeronimo und Josephe selbst den Rasenden dar und werden, mit Don Fernandos Juan, von diesen er-

schlagen. Don Fernando, der die Freunde nicht hatte retten können, nimmt mit seiner Gemahlin deren aus dem Unglück gerettetes Kind als Pflegesohn an, und wenn er diesen mit seinem Juan verglich und „wie er beide erworben hatte, so war es ihm fast, als müßte er sich freuen" (VI, S. 19); dieser Abschnitt ist reichlich sechs Seiten lang.

Dieser Fassung des Stoffes, die zuerst die Liebenden unmittelbar ins Angesicht des Todes stellt (Josephe auf dem Weg zur Richtstätte, Jeronimo, der den Strick befestigt, mit dem er sich erhängen will), sie dann auf den Gipfel irdischen Glücks führt, um sie endlich erschlagen werden zu lassen, muß ein besonderes Wollen des Dichters zugrunde liegen. Sie ist durchaus merkwürdig, denn andere Fassungen lägen viel näher, etwa daß die Liebenden, da sie keinen anderen Ausweg sehen, freiwillig aus dem Leben scheiden, oder daß sie aus irgendeinem Grund, vielleicht um das Kind zu retten, sich sogleich ihrem Schicksal darböten, oder auch, daß ihnen nach der unerwarteten Rettung die Flucht gelänge.

Die Stimmung im ersten Abschnitt ist noch ganz offen. Der Leser erfährt allerlei interessante und aufregende Geschehnisse, seine Sympathie für die Liebenden, seine Neugierde auf den Ausgang ihrer Geschichte wird geweckt. Er fühlt sich, zuerst durch die Situation, mit der die Novelle einsetzt, sodann durch die Schilderung des Erdbebens, in eine gewisse innere Nähe zum Tod gerückt. Der zweite Abschnitt schildert eine Art irdischen Paradieses: wie auf Sturm und Gewitter, wenn die Sonne vor das gegen den Horizont abziehende Unwetter ihren Bogen spannt und die erfrischten Felder festlicher als sonst glänzen, einige Minuten eines reinen Friedens und seltener Schönheit folgen, so empfindet, nach den Schrecknissen des ersten Abschnittes, nun der Leser eine fast unwirkliche, gleichsam überirdische Ruhe. Der dritte Abschnitt stellt im wesentlichen einen Kampf dar und erzeugt im Leser eine ähnliche Stimmung, wie man sie bei einer ernsten Schlägerei empfindet, oder wie sie die Kämpfer in früheren Kriegen empfunden haben mögen, oder wie sie bei gefährlichen Sportarten entstehen kann (vgl. die Anekdote von den englischen Boxern); man fühlt nicht Mitleid, sondern nimmt in völlig anderer Weise am Geschehen teil; jeder Keulenschlag wird genau beschrieben, wer ihn ausführt, mit welchen Worten, was er wirkt, welcher Gegenschlag erfolgt. Alle sind ganz von dem Kampf erfüllt, die wütende Menge, Don Fernando, Jeronimo und Josephe, die sich schließlich ins Getümmel werfen, um dem Kampf ein Ende zu machen. Am Schluß wird dann die Stimmung wieder ruhiger.

Wir können sagen, daß die Seele des Lesers zuerst zum Tode, dann zu einem höchsten Glück, und dann abermals zum Tode, diesmal allerdings zum Tod im Kampf, gestimmt wird.

2. Ebenso merkwürdig ist es, den Gang der Erwartung, wie sie wechselnd im Leser entsteht, zu verfolgen. — Der Anfang der Novelle, bis zu dem Satz: „Das Leben schien ihm verhaßt, und er beschloß, sich durch einen Strick, den ihm der Zufall gelassen hatte, den zu Tod geben" (VI, S. 2f), beschreibt eine ganz hoffnungslose Situation. Prüft man sich aber auf das hin, was man als Leser erwartet, so wird man verwundert feststellen, daß man keineswegs verzweifelt, sondern im Gegenteil von einer gewissen Hoffnung auf Rettung der Liebenden erfüllt ist. — Es folgt dann die Schilderung des Erdbebens, die dem Leser keine Zeit läßt zu einer bestimmten Haltung der Seele, sondern ihn einfach mit den sich überstürzenden Ereignissen fortreißt. — Nun finden sich die Liebenden, scheinen aller Gefahr entronnen, bis zum Ende des ersten Abschnitts: „. . . sie beschlossen, . . . daselbst (in Spanien) ihr glückliches Leben zu beschließen. Hierauf, unter vielen Küssen, schliefen sie ein." (VI, S. 8) Scheinbar ist nun alles gut, aber, in genauem Gegensatz zum soeben Gelesenen, erwartet der Leser, er weiß selbst nicht was, doch jedenfalls irgendein Unglück. — Noch stärker schwebt diese verborgene Furcht über dem ganzen zweiten Abschnitt. Je seliger die beiden ihr Glück fühlen, je ferner das Dunkel scheint, desto unheimlicher wird dem Leser zumute, wie das Verstummen der Geräusche, die eine Gefahr begleiten, diese doppelt fühlen läßt. — Bis, wo der Tod der Liebenden dargestellt wird, die Stimmung abermals, und diesmal wieder in eine positive, umschlägt.

Wir müssen verwundert erkennen, daß der jeweilige seelische Zustand des Lesers durch die Darstellung der entgegengesetzt gestimmten Situation innerhalb der Erzählung erzeugt wird. Offenbar schafft Kleist nicht Bilder, die in der Seele des Lesers fortleben, sondern will die Seele selber zu einer eigenen Aktivität bewegen.

3. Wie eine Analyse des Erzählstils in der Novelle zeigt (vgl. die Untersuchung der Prosasätze und -absätze), scheint Kleists Ziel zu sein, einmal indem er möglichst etwas, das als eines gedacht oder empfunden werden soll, auch in einem Satz auszudrücken sucht (man hat den Eindruck, er wolle in jedem Augenblick das Ganze gegenwärtig haben), ferner durch das unerhörte Tempo, mit dem erzählt wird (dies Tempo reißt dem Leser, auch wenn er die Novelle fast wörtlich auswendig weiß, immer wieder mit sich fort und läßt ihn an keiner Stelle bei einem Wort, einem Gedanken, einem Bild, einer reinen Empfindung verweilen; kein Wort, kein Satz, kein Gedanke bleibt für sich im Gedächtnis, den man sich als ein Schönes oder Weises oder Wahres merken möchte, es ist, als habe jedes Einzelne nur sein Teil zu einer Gesamtwirkung beitragen wollen, um dann so schnell wie möglich vergessen zu werden, so daß der Eindruck entsteht, Kleist wolle zwar alles gegenwärtig wissen,

zugleich aber den Sinn des Lesers an keiner Stelle festhalten): im Leser etwas Jenseitiges zu wirken, das an jedem Punkt der Novelle gefühlt, und doch wieder an keiner Stelle unmittelbar angetroffen wird.

4. Conrady glaubt, das Kind der Liebenden sei Symbol; daneben sei bei Kleist nur noch die Marionette Symbol. — In allen Dichtungen Kleists, die durchaus unsymbolisch gedichtet sind — man vergleiche wieder Goethe —, kommt das Kind außer im „Erdbeben" nur in der „Marquise von O." vor; doch legt gerade dieser Vergleich nahe, das Kind als Schicksal und nicht als Symbol zu verstehen. Zweitens spricht auch die Rolle, die das Kind im „Erdbeben" spielt, gegen eine symbolische Deutung:

Die Geburt des Kindes leitet die Handlung ein: man sperrt Jeronimo und Josephe in ein Gefängnis und verurteilt Josephe zum Tod. — Durch das Kind finden sich die beiden wieder („. . . erblickte er ein junges Weib, beschäftigt, ein Kind in ihren (der Quelle) Fluten zu reinigen." (VI, S. 6) — Aus der Liebe zu ihrem Kind hat Josephe während des Erdbebens die Kraft geschöpft, nicht in Verzweiflung zu versinken. — Die beiden Kinder vereinigen Jeronimo und Josephe mit Don Fernando und seinen Angehörigen. — Das andere Kind, Don Fernandos kleiner Juan, wendet sich, im Augenblick des Aufbruchs in die Kirche, mit kläglichem Geschrei zurück zu Josephe. — Die erste Frage der Rasenden in der Kirche: „Wer ist der Vater zu diesem Kinde?" (VI, S. 16) — Die entscheidenden Worte Josephes: „Gehn Sie, Don Fernando, retten Sie Ihre beiden Kinder und überlassen Sie uns unserem Schicksal!" (VI, S. 17) — Mit dem Tod des kleinen Juan endet der Kampf. — Don Fernando nimmt das gerettete Kind Jeronimos und Josephes zu sich, und wenn er sie verglich, „und wie er beide erworben hatte, so war es ihm fast, als müsse er sich freuen." (VI, S. 19)

Jede seelische Regung in den Gestalten, die für die Handlung wichtig ist, und jede ihrer Taten wird durch das Kind ausgelöst. Dann spräche auch gegen eine symbolische Deutung, daß die Verwechslung, durch die das Kind dem Tod entgeht, dem kleinen Juan das Leben kostet; sollte es als Symbol Sinnträger sein, so wäre es doch seltsam, daß es nur dadurch am Leben bleibt, daß das andere Kind stirbt. So scheint es, das Kind ist nicht Sinnträger für den Leser, sondern Träger des Schicksals für die gedichteten Gestalten.

Noch in einem spezielleren Sinn kommt dem Kind diese Bedeutung zu: es veranlaßt Jeronimo und Josephe und auch Don Fernando zu einer persönlichen Entscheidung, zu einer seelischen Haltung, zu der sie ohne das Kind gelangt wären. Zuerst haben Jeronimo und Josephe sie ohne das Kind nicht gelangt wären. Zuerst haben Jeronimo und Josephe nur ihre Liebe empfunden und an ihr Glück gedacht; dann aber opferten sie sich für das Kind: „Hier, mordet mich!“ (VI, S. 18) Und zuerst erblaßte Don Fernando, als er seinen Juan in Gefahr sah; dann aber verlor er das eigene Kind, das fremde zu retten. Das Kind wurde für alle drei die Stufe zu einer sittlichen Tat. Das meint dieser Satz: „Wie er beide erworben hatte“ (VI, S. 19). Seinen Juan hatte er durch eine natürliche, das Kind der Freunde durch eine sittliche, eine höhere Tat erworben — „war es ihm ‚als müsse er sich freuen“. Dieser Satz hängt zusammen mit dem entscheidenden Satz in der ganzen Novelle: „Leben Sie wohl, Don Fernando mit den Kindern!“ rief Josephe — und: „Hier, mordet mich, ihr blutdürstigen Tiger!“ und stürzte sich freiwillig unter sie, um dem Kampf ein Ende zu machen (VI, S. 18).

5. Der Gebrauch der direkten Rede ist, außer im „Bettelweib von Locarno“, in keiner der anderen Novellen von Kleist so konsequent angewendet worden wie im „Erdbeben“. — Die ersten direkten Worte: „O Mutter Gottes, du Heilige!“ (VI. S. 6) ruft Jeronimo in dem Augenblick, da er Josephe wiederfindet. — Die zweite Stelle mit direkter Rede ist, wo Don Fernando Josephe bittet, dem kleinen Juan auf kurze Zeit ihre Brust zu reichen. Es heißt da: Josephe war ein wenig verwirrt, als sie in ihm einen Bekannten erblickte; doch da er, indem er ihre Verwirrung falsch deutete, fortfuhr: „Es ist nur für wenige Augenblicke, Donna Josephe, und dieses Kind hat seit jener Stunde, die uns alle unglücklich gemacht hat, nichts genossen,“ so sagte sie: „Ich schwieg — aus einem anderen Grunde, Don Fernando; in diesen schrecklichen Zeiten weigert sich niemand, von dem, was er besitzen mag, mitzuteilen . . .“ (VI, S. 9) — Die nächsten direkten Worte werden beim Aufbruch eines Teiles der kleinen Gesellschaft in die Kirche gesprochen (Donna Elvira und Donna Elisabeth bleiben zurück). Josephe, indem sie den Juan fortgeben will: „So werden Sie mir wohl, Donna Elisabeth, diesen kleinen Liebling abnehmen, der sich schon wieder, wie Sie sehen, bei mir eingefunden hat.“ „Sehr gern,“ antwortete Donna Elisabeth . . . (VI, S. 13) — Dann ruft die von Vorahnung und Angst erfüllte Elisabeth: „Don Fernando!“ — Sie raunt ihm einige Worte ins Ohr. „Nun?“ fragte Don Fernando, „und das Unglück, das daraus entstehen kann?“ (VI, S. 14) — Dies sind auf den ersten dreizehn Seiten der Novelle, obwohl viel gesprochen wird, die einzigen direkten Worte. Dann aber ist die Szene vor der Kirche, in der Jeronimo und Josephe, Konstanze und Juan erschlagen werden, fast nur direkte Rede, mit wenig übriger eingeschobener Erzählung. Dann, bis zum Schluß, kommt wieder kein direktes Wort mehr.

Von diesen sechs Stellen direkter Rede in der Novelle sind zwei kurze Ausrufe in größter innerer Erregung: „O Mutter Gottes!“ und: „Don Fernando!“ Die Bitte Don Fernandos und Josephes Antwort haben keine sachlich-inhaltliche Bedeutung, sondern drücken seelische Beziehungen aus. Von den übrigen Stellen stehen zwei an den Punkten, wo sich Josephe bzw. Don Fernando gegen nochmalige Warnungen Donna Elisabeths abermals und endgültig für den Besuch des Gottesdienstes entscheiden, so daß ihr Schicksal sie nachher nicht nur von außen überfällt, sondern doch irgenwie aus ihrem eigenen Willen hervorgeht. Sie sind, als direkte Rede, ebensowenig vom unmittelbar ausgesagten Inhalt her motiviert wie vorher Don Frenandos Frage und Josephes Antwort. Sie drücken eine seelische Haltung aus, Kleist hätte, wollte er nur etwas innerhalb der Handlung ausdrücken, diese Sätze sicher indirekt sprechen lassen, was seiner sonstigen Erzählweise durchaus entsprochen hätte. Diese direkt gesprochenen Sätze und Worte haben eine Bedeutung vor allem für den Leser: es sind Punkte, die den Weg der Seele des Lesers markieren. An diesen Stellen geschieht etwas im Leser, dieser ist da nicht einer, der ein Geschehen beobachtet, Anteil nimmt, mitleidet, urteilt, sondern selber und unmittelbar Schauplatz eines Geschehens, das als ein Unsichtbares hinter der Handlung verborgen blieb. Die wenigen Stellen direkter Rede sind Verdichtungen der Beziehungen, zwischen zwei Gestalten, zwischen der Novelle und dem Leser, und zwischen dem Menschen und seinem Schicksal.

Die Kampfszene vor der Kirche ist ein nach außen gelegter seelischer Kampf, der hinführt zu Josephes: „Hier, mordet mich!" Im Gegensatz zu den eingestreuten Sätzen wörtlicher Rede in der übrigen Novelle ist sie fast ausschließlich direkt gesprochen. Das läßt, wenn unsere Auffassung der eingestreuten direkt gesprochenen Sätze richtig ist, vermuten, sie hat außer ihrer Bedeutung für den Ablauf der Handlung vor allem eine andere, jenseitige Bedeutung für den Leser. Durch sie spielt sich etwas in der Seele des Lesers ab, in und hinter den Gestalten der Novelle kämpfen seelische Kräfte. Das Ziel ist nicht die konsequente Durchführung der Handlung, sondern ein durch diesen Kampf erreichter seelischer Zustand.

6. Am Tag nach dem Erdbeben, nachdem Jeronimo und Josephe freundliche Aufnahme in Don Fernandos Gesellschaft gefunden haben, wird bekannt, daß in einer Kirche ein Dankgottesdienst abgehalten wird. Auch in Don Fernandos Gesellschaft überlegt man, ob man daran teilnahmen soll. Donna Elisabeth „erinnert mit einiger Beklemmung, was für ein Unheil gestern in der Kirche vorgefallen sei ..." (VI, S. 13). Aber Josephe äußerte, daß sie „den Drang, ihr Antlitz vor dem Schöpfer in den Staub zu legen, niemals lebhafter empfunden habe als eben jetzt.." Donna Elvira, Fernandos Gemahlin, Juans Mutter, erklärt sich für Josephes Meinung, und so wird der Besuch des Gottesdienstes beschlossen (VI, S. 13). — Man sieht Donna Elisabeth die kleinen Anstalten

zum Aufbruch mit heftig arbeitender Brust und zaudernd betreiben, und auf die Frage, was ihr fehle, antwortet sie, sie „wisse nicht, welch eine unglückliche Ahnung in ihr sei . . .“; so beruhigte sie Donna Elvira . . . — Donna Elisabeth eilt dem Zug, der kaum fünfzig Schritte gegangen ist, „Don Fernando!“ rufend nach und raunt ihm etwas ins Ohr. „Nun? fragte Don Fernando, und das Unglück, das daraus entstehen kann?“ Donna Elisabeth fuhr fort, ihm mit verstörtem Gesicht etwas ins Ohr zu zischeln. „Don Fernando stieg eine Röte des Unwillens ins Gesicht; er antwortete, es wäre gut! Donna Elisabeth möge sich beruhigen; und führte seine Dame (Josephe) weiter “(VI, S. 14).

Dreimal warnt Elisabeth vor dem kommenden Unglück. Zuerst erfolgt darauf der allgemeine Aufbruch der Gesellschaft. Dann Josephes Entscheidung für den Besuch des Gottesdienstes (in direkter Rede). Und endlich Don Fernandos Entscheidung (auch in wörtlicher Rede). Auf der einen Seite sollen diese Vorausdeutungen sicher die Katastrophe vorbereiten. Auf der anderen Seite aber machen sie es ganz unmöglich, den Besuch des Gottesdienstes als zufällig und unüberlegt zu empfinden. Man hat das Gefühl: diese Menschen wollen selber das, was ihnen begegnen wird. — —

Wir wollen die einzelnen Beobachtungen zusammenfügen.

Kleist führt die Seele des Lesers von einer gleichsam passiven Stimmung zum Tode über die Empfindung höchsten irdischen Glücks zu einer gleichsam aktiven Stimmung zum Tod, diesmal dem Tod im Kampf.

Kleist gestaltet nicht Bilder, die in der Seele fortleben, sondern er sucht vielmehr, die Seele selber zu einer eigenen Aktivität zu bewegen.

Kleist will im Leser etwas Jenseitiges wirken, das zwar überall gefühlt, aber nirgends unmittelbar greifbar wird.

Das Kind, das nicht Symbol ist, ist Schicksal und Stufe zu einer sittlichen Tat.

Die wörtliche Rede bezeichnet die Punkte, an denen etwas, das außerhalb des Erzählten bleibt, in der Seele des Lesers vor sich geht. Vor allem die persönliche freie Entscheidung zum Tod, die Beziehung des Menschen zu seinem Schicksal, wird durch die direkte Rede fühlbar.

Die Katastrophe bricht nicht nur als bloßes Verhängnis über die Liebenden und Don Fernando herein, sondern, für das Gefühl des Lesers, gehen sie, ohne allerdings zu wissen, was ihnen bevorsteht, aus einem eigenen Wollen in den Tod. — —

Wer erzählende Werke anderer Dichter untersucht, wird gewöhnlich finden, daß sie dem Leser einen Inhalt geben, Menschen, Bilder, Empfindungen, Gedanken, zu einer dem Erleben und der Kunst des Dichters entsprechenden Ordnung zusammengefügt. Das Weltbild des Lesers wird reicher und richtiger, wahrer. Manche Dichter beschränken ihre Darstellung auf die sichtbare Welt der Wesen und Dinge, andere erweitern die Schau in eine höhere, ewige, unmittelbar nicht mehr zu beschreibende Welt durch Symbole und mythische Bilder. Doch werden wir immer sehen, daß Menschen und Bilder den Sinn in sich selber tragen bzw. in der Zusammenschau dieser Menschen und Bilder, entweder direkt oder symbolisch oder mythisch. Kleist nun hat offenbar ein Ziel, das jenseits des Dargestellten liegt: das Geschehen selber ist fürchterlich und sinnlos, und Symbole und mythische Bilder verwendet er nicht. Sinn wird aber trotzdem erfahren. So muß dieser, da er kein inhaltlicher sein kann, irgendwo in einem Formalen liegen. Aber wo? Und wie?

Der Inhalt der Novelle ist ein Konflikt der Liebenden mit der Umwelt. Der Ausgang des Kampfes, der Tod der Liebenden, steht von vornherein fest: das Leben ist so, daß unschuldige Liebende von der sich fromm dünkenden Menge erschlagen werden und auch ihre Freunde mit in ihr Unglück ziehen. Aber dadurch, wie sie sterben, wird die Lösung herbeigeführt: Das Ziel ist ein Zustand der Seele, zu dem der Weg durch die freie Entscheidung zum Tod hindurchgeht. Diese Verwandlung (nicht Reife oder Entwicklung des Charakters oder überhaupt Veränderung des Menschen als solchen), die sich da im Tod vollzieht, ist die Geburt eines höheren als des natürlichen Lebens[5]).

In „Schroffenstein“, der „Verlobung“, dem „Zerbrochenen Krug“ und „Guiskard“ sind weder die Begründung noch die Lösung noch der Bau überhaupt noch die Fügweise eigentlich kleistisch; nur die Aufgabe, die zu lösen ist: wie kann der Mensch, wenn die Beziehungen gestört sind, leben? und das in allen Werken Kleists zugrunde liegende Wissen: Wahrheit, Ordnung, Sinn ist nur, wo Liebe, als die unbegreifliche bedingungslose und schrankenlose Vereinigung, die zum Bewußtsein kommt in etwas, das Kleist Gefühl nennt, ganz und allein das Sein der Menschen bestimmt, begegnen auch in ihnen schon[6]). Das „Erdbeben in Chili“, das, da in ihm die Ichproblematik der späteren Gedichte noch fehlt, einerseits diesen vorhergehen, andrerseits, da zwingend aus der Situation — den vorausgesetzten sittlichen Anschauungen, die gestaltet werden, den sich aus diesen ergebenden Leidenschaften und dem Erdbeben — begründet wird, dem „Zerbrochenen Krug“ nahestehen, und

[5]) Schon andere haben gesehen, daß sich die Gestalten der Dichtung und der Leser nicht im gleichen Zustand befinden; Conrady meint, der Leser erkenne immer schon besser die Zusammenhänge, er sei mit seinem Wissen den Gestalten voraus. Nun, der Grund ist, Kleist führt den Leser zu einem Ziel außer der Novelle, während die Handlung nur einem bestimmten Punkt innerhalb der Novelle zustrebt.

[6]) Sprache und was sonst an die individuelle Begabung und Anlage des Dichters geknüpft ist — Denk-, Fühl-, Erzählweise — steht hier nicht in Frage.

endlich, da Vertrauen und Mißtrauen nicht mehr den Inhalt bilden, später als der „Zerbrochene Krug" entstanden sein muß, läßt nicht nur die zweite wichtige Linie der inneren Entwicklung, die durch das ganze Werk geht, inhaltlich fassen, sondern ist auch schon typisch gefügt. Denn wir fanden, daß die Novelle dadurch, wie Kleist den Leser bewegt und führt, die Darstellung transzendenter, seelischer Vorgänge ist; im formalen Wie der Gestaltung wird ein höheres Leben, das Ich, wie wir sehen werden, Wirklichkeit. Jene zweite Linie der inneren Entwicklung aber meint den Willen zum Tod, der allen späteren Gestalten Kleists so merkwürdig eigen ist: Jeronimo und Josephe wollen ihren Tod, wie Penthesilea, Kohlhaas, Hermann, Homburg; und im Tod werden sie frei.

„Der Findling" ist die Geschichte des Mannes, den der Sohn — hier Pflegesohn —, auf den er alle Wohltaten gehäuft, zugrunde richtet.

Piachi, „durch diesen doppelten Schmerz gereizt" und „stark, wie die Wut ihn macht", wirft Nicolo „nieder und drückt ihm das Gehirn an der Wand ein". Man findet ihn, wie er ihn „zwischen den Knieen hält und ihm das Dekret in den Mund stopft". Man verurteilt ihn zum Tode; doch herrscht in dem Kirchenstaat ein Gesetz, nach welchem kein Verbrecher hingerichtet werden kann, bevor er die Absolution empfangen. Piachi aber verweigert diese hartnäckig; die Priester fragen ihn:

> „Willst du der Wohltat der Erlösung teilhaftig werden? Nein, antwortet Piachi, ich will nicht selig sein. Ich will in den teifsten Grund der Hölle hinabfahren. Ich will den Nicolo, der nicht im Himmel sein wird, wiederfinden und meine Rache, die ich hier nur unvollkommen befriedigen konnte, wiederaufnehmen." (VI, S. 20f)

so daß man ihn, der die ganze Schar der Teufel herbeiruft, ihn zu holen, und versichert, er werde noch dem ersten besten Priester über den Hals kommen, ohne Absolution, ganz in der Stille, aufknüpfen muß.

Die Ursache dieses schauerlichen Rachedurstes ist: Piachi, ein Güterhändler in Rom, der auf einer Reise bei dem Versuch, ein fremdes, verwaistes Kind, den Nicolo, zu retten, seinen eigenen kleinen Sohn verliert, nimmt, zusammen mit seiner noch jungen Gemahlin, diesen als Pflegesohn an; und obwohl er sich in mancher Hinsicht unerfreulich entwickelt, überläßt er ihm, um sich, nach Erreichung des sechzigsten Jahres, in den Ruhestand zurückzuziehen, auf gerichtliche Weise sein ganzes Vermögen. Piachi ist ein nicht gerade kluger, aber geradsinniger und gutmütiger Mann. Nicolo war, als Piachi ihn in sein Haus aufnahm, ein Junge

> „von einer besonderen, etwas starren Schönheit, seine schwarzen Haare hingen ihm in schlichten Spitzen von der Stirn herab, ein Gesicht beschattend, das,

ernst und klug, seine Mienen niemals veränderte. Der Alte (während der Heimreise nach Rom) tat mehrere Fragen an ihn, worauf jener aber nur kurz antwortete: ungesprächig und in sich gekehrt saß er, die Hände in die Hosen gesteckt, im Winkel da und sah sich mit gedankenvoll scheuen Blicken die Gegenstände an, die an dem Wagen vorüberflogen. Von Zeit zu Zeit holte er sich mit stillen und geräuschlosen Bewegungen eine Handvoll Nüsse aus der Tasche, die er bei sich trug, und während Piachi sich die Tränen vom Auge wischte, nahm er sie zwischen die Zähne und knackte sie auf.“ (VI, S. 3)

Nicolo wird von den Pflegeeltern gehindert, sich völlig einigen, Lastern, denen sein häßliches Gemüt anhängt, zu ergeben; der Vater, „der ein verschworener Feind aller Bigotterie“ ist, hat an ihm seinen Umgang mit den Mönchen des Karmeliterklosters auszusetzen, und der Mutter mißfällt ein „schon früh sich regender Hang für das weibliche Geschlecht“. Zwischen Nicolo und den Eltern entstehen Spannungen, die das Zusammenleben vergiften; zudem verbergen sie einander — Piachi, weil kein Grund ist, darüber zu sprechen, Elvire, seine Gemahlin, wegen ihrer Art, manches, besonders Unerfreuliches, still für sich zu behalten, und Nicolo aus einer unschönen Furcht, vom Vater gescholten zu werden — wichtige Umstände, so daß sich jeder von ihnen, obschon nicht über die Gesinnungen, so doch über das wirkliche Tun der anderen täuscht. Es kommt zum Bruch: Nicolo, um sich an Piachi, von dem er einmal tief beschämt wurde, zu rächen, versucht, in der Maske eines genuesischen Ritters, sich an Elvire, die in ihrer Jugend von einem jungen Genueser, der nach einigen Jahren den hierbei erlittenen Verletzungen erlag, gerettet worden war und ihm daher, wie Nicolo glaubt, als der Erscheinung des Verstorbenen keinen Widerstand leisten wird, zu vergreifen. Piachi überrascht ihn am Bett der besinnungslosen Elvire und weist ihm wortlos, mit der Peitsche, die Tür; Nicolo aber erklärt: „an ihm, dem Alten, sei es, das Haus zu räumen, denn er, durch vollgütige Dokumente eingesetzt, sei der Besitzer und werde sein Recht, gegen wen immer auf der Welt es sei, zu behaupten wissen!“ (VI, S. 19) und erreicht in der Tat, durch Vermittlung des Bischofs, zu dessen Beischläferin er ein enges Verhältnis unterhält, und der Karmelitermönche, denen er den ganzen Besitz überschreibt, daß die Regierung ein Dekret erläßt, in welchem er „in den Besitz bestätigt und dem Piachi aufgegeben wird, ihn nicht darin zu belästigen“ (VI, S. 19). Elvire stirbt an den Folgen eines hitzigen Fiebers, das ihr jener Vorfall zugezogen, und dann nimmt Piachi seine fürchterliche Rache.

Wie nach „Schroffenstein“ mit der „Verlobung in St. Domingo“ Kleists Erleben, insofern es als Inhalt erkennbar wird, die Aufgabe und die Bemühung, diese zu lösen, zuerst greifbar erschienen ist, so beginnt mit dem „Findling“ die andere Reihe: der — kleistischen — Lösungen. „Schroffenstein“, „Guiskard“ und die „Verlobung“ hatten keine wirkliche Lösung gebracht. Die Lösung im „Zerbrochenen Krug" war gut, aber, das sie komisch war, nicht nach dem Wollen des Dichters. Als erstes in der Folge aller Gedichte Kleists ließ das „Erdbeben in Chili" eine Lösung, wie wir sie schon bei der Untersuchung der „Penthesilea" gefunden hatten, erkennen: den Willen zum Tod, und im Tod Freiheit; die Novelle gehört aus diesem und anderen Gründen, die wir genannt haben, der zweiten Periode an. Der „Findling", in dem aus dem üblen Charakter Nicolos und psychologisch aus dem Racheverlangen des schwer gekränkten Piachi begründet wird und der daher ungefähr gleichzeitig mit der „Verlobung" entstanden sein muß, deutet nun, obwohl er noch keine wirkliche Lösung bringt, mit Piachis Reaktion, dem Willen zur Selbstvernichtung, um die Rache an Nicolo vollenden zu können, doch bereits auf Penthesileas Tod, die sich tötet, indem sie Achill tötet, den Beschluß des „Kohlhaas", wo der dem Tod überlieferte die Rettung ablehnt, um dem Kurfürsten „weh tun" zu können, oder Hermanns und Fusts Kampf um das Recht, mit Varus kämpfen zu dürfen, hin. Im „Findling" beginnt, was in den meisten späteren Werken Kleists wirkliche Lösung wird; nur bleibt Piachis Trotz bloßer Trotz, weil seine Reaktion noch nicht ausreichend, so daß der Leser die Notwendigkeit fühlt, begründet wird.

4. *„Amphitryon". „Marquise von O."*

Das Erleben, das den Inhalt der ersten Werke Kleists bildet, war Vertrauen und Mißtrauen, Mißverstehen, Irrtum; es fand die angemessene Darstellung im „Zerbrochenen Krug". Im „Guiskard" versuchte Kleist, die Katastrophe aus den Charakteren oder, wie uns schien, etwas anderem, aber ebenso individuell Konkretem, wie die Charaktere sind, zu begründen. Piachi reagierte auf die Bosheit, der er begegnet, mit maßlosem Rachedurst und Trotz; — man erinnere sich an Penthesilea: „Und Trotz ist, Widerspruch die Seele mir!" In „Penthesilea" wird aus dem Ich begründet. Die Lösung im „Erdbeben in Chili", war der Wille zum Tod, die von Jeronimo und Josephe in Freiheit vollzogene Entscheidung, sich zu opfern. Wir stehen im Gang unserer Untersuchung nun an einem wichtigen und außerordentlich merkwürdigen Punkt. Denn im „Amphitryon" und der „Marquise von O." wird die sittliche Tat, die freie Entscheidung zum Opfer, die im „Erdbeben" formale Lösung war, bewußtes Erleben und neuer Inhalt: wenn alles ringsum stürzt, ist im Ich selber eine Kraft, sich zu behaupten, zu leben trotz der gestörten Beziehung.

Auf das Ich weist alles, das wir in den vor dem „Amphitryon" gedichteten Werken beobachten konnten, hin. Zuerst entzweite das Mißtrauen die einander fernstehenden feindlichen Familien, dann die Liebenden; —

nun wirkt das Mißtrauen im Innern eines Menschen: Alkmene und die Marquise müssen an sich selbst zweifeln. Kleist begründet erst gar nicht, dann aus den Charakteren („Verlobung“, „Findling“), dann aus der Situation („Zerbrochener Krug“), dann, trotz des „Zerbrochenen Krugs“, im „Guiskard“ dennoch aus den Charakteren; — Amphitryon“ und die „Marquise“ sind Verherrlichungen des Ich. Piachi setzt der Welt seinen Trotz entgegen, Jeronimo und Josephe wollen ihren Tod — man vergleiche Penthesilea, die im Tod ihr Sein erfüllt — und werden frei; — Alkmene und die Marquise triumphieren durch die innere Herrlichkeit des Ich über die sie vernichtenden äußeren Verhältnisse.

Das neue Erleben muß für Kleist, nach der Vernichtung des „Guiskard“ und dem Zusammenbruch in Mainz — Penthesileas Sätze: „Das Äußerste, das Menschenkräfte leisten, / Hab ich getan — Unmögliches versucht — / Mein Alles hab ich an den Wurf gesetzt . . .“ könnten mit der verzweifelten Mühe um die Vollendung des „Guiskard“ zusammenhängen —, unerhört beglückend gewesen sein; er muß geglaubt haben, er habe mit dem Ich, das sich erfüllt, die rettende Antwort auf die Frage: wie kann der Mensch leben, wenn die Beziehungen gestört sind? gefunden.

Zugleich wird nun bewußt, warum es so fürchterlich ist, in gestörten Beziehungen leben zu müssen: das Ich existiert überhaupt bloß bezogen; wenn Alkmene einen anderen als Amphitryon empfangen hat und dadurch ihre Treue zerstört wurde, kann sie nicht mehr leben, und die Marquise kann anders als in der Beziehung zu ihren Eltern — diese wird ja durch die unbegreifliche Schwangerschaft in Frage gestellt — nicht gedacht werden.

„Amphitryon“ und, weniger deutlich, die „Marquise von O.“ wirken aber auf das Gefühl des Zuschauers oder Lesers so zwiespältig wie kaum ein anderes Werk Kleists. Daher wollen wir nicht das Ich-erleben, das von Fricke treffend gezeigt wurde, darstellen, sondern eine Kritik der beiden Werke folgen lassen. Diese wird uns dann zu der weiteren Entwicklung der Aufgabe leiten.

Kleists „Amphitryon“ ist einem Lustspiel des Molière nachgedichtet. Weithin, vor allem im Aufbau des Ganzen und den Merkur-Sosiasszenen, folgt er der Vorlage. Bedeutend geändert sind nur die 2. und 5. Szene im II. Akt und der Schluß; eine Szene, die 4. im II. Akt, ein Gespräch Alkmenes mit Charis, hat Kleist ganz neu eingefügt.

In der alten Komödie, auf die Molières Lustspiel zurückgeht, sind Amphitryon und Jupiter, an den als Gott man ja glaubte, die Träger der Handlung gewesen; noch in der Fassung des Plautus wird mit Freiheit, so daß man lachen muß, eine Verwirrung, in die Götter und Menschen verwickelt sind, dargestellt.

Bei Molière hat die Dichtung insofern eine Veränderung erfahren, als ihn der Gott, als Gott, nicht interessiert; er wollte — so äußert er sich — Menschen seiner Zeit in einer lächerlichen Situation zeigen und dadurch moralische Besserung wirken. Vergegenwärtigen wir uns den Gang seines Lustspiels. Jupiter verliebt sich, im wörtlichsten Sinn, in Alkmene und besucht sie, während Amphitryon, ihr Mann, im Heerlager weilt, in dessen Gestalt. Bei der Trennung am Morgen wünscht er, sie möchte ihm als Liebhaber, nicht als dem Gemahl — denn das ist ja Amphitryon — sondern „seiner Person", ihre Gunst geschenkt haben. Amphitryon kehrt heim, muß sich überzeugen, daß er betrogen wurde, glaubt, Alkmene hintergehe ihn, und will, seine Ehre wiederherzustellen, den Betrug aufdecken und sich am Schuldigen rächen. Alkmene, die, in ihrem Bewußtsein, ihm doch treu gewesen, fühlt sich durch den Vorwurf der Untreue tödlich beleidigt. Jupiter tritt wieder auf, beteuert Alkmene, die ihn für Amphitryon hält, seine unermeßliche Liebe, nicht er, der Liebhaber, sondern der rohe Gemahl habe sie beleidigt, er gestehe seine Schuld ein und sie möchte ihm doch wieder gut sein. Er droht mit „einem geschwinden Selbstmord", und sie kann nicht widerstehen, „mit sich selbst unzufrieden, daß sie allzuviel an Schwachheit sehen lasse". Inzwischen frißt die Eifersucht in Amphitryon weiter, er hofft, der Betrug möchte nicht wahr, sondern lieber Alkmene verrückt geworden sein, er denkt, daß es ein Irrtum, nicht ein beabsichtigter Betrug sei, aber „in diesen Dingen ist ein Irrtum ein wirkliches Verbrechen . . . man entschuldige solche Irrtümer, sie greifen doch das Herz an der empfindlichsten Stelle an . . . Ehre und Liebe vergeben sie niemals . . ." Zum Schluß erklärt Jupiter, er, Jupiter, habe Alkmene besucht, das sei für Amphitryon keine Schande: „Mit Jupiter etwas teilen beschimpft nicht"; er, der Gott, müßte eifersüchtig sein, er habe Alkmene in ihrer Treue nicht wankend machen können, sie habe, was er genossen hat, nur Amphitryon, dem Gemahl, geben wollen; — und verheißt ihm den Herakles und fährt zum Himmel auf.

Molière hat also eine Ehebruchs- und Eifersuchtskomödie seiner Zeit gedichtet. Die innere Anteilnahme ist, wie in der alten Dichtung, mehr bei den beiden Liebhabern als bei Alkmene, wie die Versicherung am Schluß, Amphitryon sei kein Schimpf widerfahren, zeigt. Die Handlung ruht auf Jupiter, der ein amüsantes Abenteuer erlebt, und auf Amphitryon, dessen Eifersucht, da sich als der Betrüger Jupiter herausstellt, in sich zusammenfällt. Man kann die Vorgänge nicht ernst nehmen. Dazu stimmt der Schluß, und wir sehen ein zwar nicht sehr hochstehendes, aber sonst in sich vernünftiges und einheitliches Stück.

Ganz anders Kleist. Er stellt Alkmene in die Mitte; sie wird betrogen und erst in zweiter Linie Amphitryon. Alkmene liebt ihren Gemahl, sie ist ihm treu, sie geht ganz in ihrer Liebe und Treue auf; wenn sie ihn nicht mehr liebte, die Treue bräche, würde sie aufhören zu sein. Solange sie sich nur vom Amphitryon beleidigt glaubt, empfindet sie nur Schmerz, noch nicht Vernichtung: „Den innern Frieden kannst du mir nicht stören ... Den Riß bloß werd ich in der Brust empfinden, Daß mich der Liebste grausam kränken will ..." (III, S. 44) Erst da sie sieht: es war nicht Amphitryon, der zu ihr kam, ist sie im Innersten getroffen: „... leben will ich nicht, Wenn nicht mein Busen mehr unsträflich ist" (III, S. 63). Bei Molière wurde Amphitryon betrogen und Alkmene darauf von ihm beleidigt, so daß sie „ihn hassen möchte". Bei Kleist wird vor allem Alkmene, und zwar von Jupiter, betrogen. Aber Alkmenes Liebe bleibt unverändert, nur daß sie, sich selber und ihrer Liebe treu zu bleiben, in der Welt keinen Platz mehr findet. Sie existierte, insofern sie liebte und treu war; wenn ihre Liebe und Treue zerbrachen, nicht in ihrem Bewußtsein, das Amphitryon unerschütterlich treu blieb, wohl aber in der Wirklichkeit, dann kann sie nicht mehr leben. — Wir müssen uns diesem Unterschied der beiden Dichtungen ganz klar machen, wenn wir die Wirkung, die Kleists „Amphitryon" ausübt, verstehen wollen.

Kleist hatte erlebt, daß der Mensch nur in bestimmten Relationen existiert; erweisen sich diese als unwahr, lösen sie sich auf, so löst sich auch seine Existenz auf. Das aber erlebt Alkmene: indem sie Jupiter empfängt, wird sie — in der Wirklichkeit, die Kleist allein wichtig ist — Amphitryon untreu und kann nicht mehr leben. Wie aber? Sie kann nicht mehr leben, da „ihr Busen nicht mehr unsträflich ist", und doch ist alles wieder gut, wie sich herausstellt, daß es Jupiter war, der sie besucht hat?

Bei Molière befanden wir uns auf einer anderen Ebene. Verliebtheit, Eifersucht, Zorn sind Leidenschaften, die den Menschen, wenn er von ihnen besessen ist, blind machen. Aber im Grunde sind sie eine Torheit, die er besser nicht hätte; ein vernünftiger Mensch würde weder wie der verliebte Jupiter noch wie der eifersüchtige Amphitryon noch wie die schmollende Alkmene handeln. Da handelt es sich um Leidenschaften, die man hat oder besser nicht hat. Wenn zum Schluß Jupiter in den Himmel zurückkehrt, Amphitryon sich, statt beschimpft zu sehen, geehrt glaubt und Alkmene ihrem Gemahl wieder gut ist, ist alles in guter Ordnung.

Wenn nun aber nicht törichte Leidenschaften die Menschen verblenden, sondern es sich um ihre Existenz schlechthin handelt; wenn der Betrug tatsächlich geschieht und die Existenz dadurch in sich selbst unmöglich wird: kann das Stück dann so enden, daß, wie bei Molière, sich Jupiter zu erkennen gibt: nun ist natürlich alles anders, ja es ist sogar eine Ehre, und also ist es gut?

Im ganzen überträgt Kleist ziemlich getreu seine Vorlage. Nur Alkmene, ihr Fühlen, ihr Schicksal, und, da er sie in den Mittlepunkt stellt, allerdings auch den inneren Gehalt seines Gedichts ändert er, und das so sehr, daß, trotz des alten Aufbaus und, außer Alkmene, der alten Personen, eine ganz neue Dichtung entsteht. Oder doch entstehen müßte, damit das Erlebte die angemessene Gestalt erhalte.

Kleists „Amphitryon" drängt zur Tragödie, denn die Hauptgestalt erleidet ein tragisches Schicksal. Denn wenn aus oberflächlichen Leidenschaften, die man haben oder nicht haben kann, existenzielle Beziehungen werden, wenn nicht, was zufällig den Menschen begleitet, sondern was er notwendig ist, in Frage gestellt, ja vernichtet wird, dann ist eine komische Lösung, wo sich die Verwicklungen als töricht erweisen, nicht möglich.

Kleist muß das gefühlt haben: er machte, im Gegensatz zu Molière, Jupiter wieder zum Gott. Der Gott kann die Vernichtung in eine Rettung und Verherrlichung verwandeln. Denn Gott ist die Wirklichkeit, in der sich alle Kämpfe und Verzweiflungen der Menschen lösen. Aber ist Jupiter wirklich Gott? Fricke bemerkt, daß er „ohne jeden Selbstzweck nur die großartige Hilfskonstruktion für den Beweis, den der Dichter erstrebt (die alles überwindende Kraft des Ich) sei, — von hier aus gesehen aber vollkommen und unübertrefflich, so daß nicht eine Linie anders gezogen werden dürfte" (a. a. O. S. 79). Das bedeutet — wir sagten es oben mit anderen Worten —: daß Kleist Alkmene neu erlebt, aber eben nur Alkmene, und die anderen Gestalten, als bloße Funktionen Alkmenes, übernommen und nach ihren Bedürfnissen hergerichtet hat. Jupiter kann nämlich nicht wirklich Gott sein, jener Gott, zu dem in absolut notwendiger, unbedingter Relation (von Fricke gezeigt) das Ich existiert, weil er ja gerade dieses Ich, durch seine Versuche, sich Alkmenes Liebe zuzuwenden, aufzuheben unternimmt. Alkmene als Ich und mithin ihre Bindung an Gott befinden sich schlechterdings auf einer höheren Ebene als der Jupiter des Stückes, der doch nicht anders als der Jupiter Molières handelt, so daß er gar nicht imstande sein kann, die Vernichtung in eine Rettung oder gar Verherrlichung zu verwandeln.

Der „Amphitryon" ist, wie „Penthesilea", eine Ich-dichtung ohne Du, Alkmene steht allein in der Mitte, Jupiter und Amphitryon sind „ohne jeden Selbstzweck", sind Hilfskonstruktionen, keine einheitlichen, in sich ruhenden Gestalten, in denen Kleists Gefühl wie in Alkmene ist, mit einem eigenen Schicksal. Gewiß, Alkmenes Liebe und Treue hält in wunderschöner Weise allen Versuchungen stand. Aber, da das wirkliche Du nicht gedichtet ist, können ihre Beziehungen zu Jupiter und Amphitryon keine realen sein; sie bleibt sich und ihrer Liebe, dem Amphitryon in ihr, jedoch nicht einem Du außer ihr, treu. Nur weil

Jupiter in sich uneinheitlich ist, kann es scheinen, sie könne auch in der Welt noch weiter leben. So wird nicht die Aufgabe, wie kann der Mensch leben, wenn die Beziehungen gestört sind? gelöst für das Leben in der Welt, in den Beziehungen, in denen der Mensch existiert, sondern das sich selbst treu bleibende Ich verherrlicht. Der „Amphitryon" quält, weil der in seiner Tiefe tragisch empfundene Konflikt zu einer, am ehesten mythisch zu nennenden, Lösung, die aber in sich nicht richtig ist, geführt wird. Wir werden sehen, wie auf diese Scheinlösung Verzweiflung folgen muß.

In der „Marquise von O." ist wieder die rettende Kraft des Ich der Gegenstand der Darstellung. — Die verwitwete Marquise von O., die seit dem Tod ihres Mannes bei ihren Eltern lebt, wird schwanger. Sie selbst gegreift nicht, wie; aber die Eltern, die ihre Beteuerungen, daß sie von einem möglichen Vater des Kindes, das sie erwartet, nicht wisse, für erlogene Ausreden halten, weisen sie aus dem Haus. Der Vater, der der Flehenden den Rücken kehrt, läßt ihr ein Schreiben überreichen, er „wünsche unter den obwaltenden Umständen, daß sie sein Haus verlasse. Er sende ihr hierbei die über ihr Vermögen lautenden Papiere und hoffe, daß Gott ihm den Jammer ersparen werde, sie wiederzusehen." Die Marquise läßt darauf anspannen; sie setzt sich, „matt bis in den Tod, auf einen Sessel nieder und zieht eilfertig ihre Kinder an. Es heißt nun weiter:

„Sie hatte eben ihr Kleinstes zwischen den Knien und schlug ihm noch ein Tuch um, um nunmehr, da alles zur Abreise bereit war, in den Wagen zu steigen, als der Forstmeister eintrat und auf Befehl des Kommandanten die Zurücklassung und Überlieferung der Kinder von ihr forderte. Dieser Kinder? fragte sie und stand auf. Sag deinem unmenschlichen Vater, daß er kommen und mich niederschießen, nicht aber mir meine Kinder entreißen könne! Und hob, mit dem ganzen Stolz der Unschuld gerüstet, ihre Kinder auf, trug sie, ohne daß der Bruder gewagt hätte, sie anzuhalten, in den Wagen und fuhr ab.

Durch diese schöne Anstrengung mit sich selbst bekannt gemacht, hob sie sich plötzlich, wie an ihrer eignen Hand, aus der ganzen Tiefe, in welche das Schicksal sie herabgestürzt hatte, empor. Der Aufruhr, der ihre Brust zerriß, legte sich, als die im Freien war, sie küßte häufig die Kinder, diese ihre liebe Beute, und mit großer Selbstzufriedenheit gedachte sie, welch einen Sieg sie durch die Kraft ihres schuldfreien Bewußtseins über ihren Bruder davongetragen hatte. Ihr Verstand, stark genug, in ihrer sonderbaren Lage nicht zu reißen, gab sich ganz unter der großen, heiligen und unerklärlichen Einrichtung der Welt gefangen. Sie sah die Unmöglichkeit ein, ihre Familie von ihrer Unschuld zu überzeugen, begriff, daß sie sich darüber trösten müsse, falls sie nicht untergehen wolle, und wenige Tage waren nur nach ihrer Ankunft in V. verflossen, als der Schmerz ganz und gar dem heldenmütigen Vorsatz Platz machte, sich mit Stolz gegen die Anfälle der Welt zu rüsten. Sie beschloß, sich ganz in ihr Innerstes zurückzuziehen, sich mit ausschließendem Eifer der Erziehung ihrer beiden Kinder zu widmen, und des Geschenks, das ihr Gott mit dem dritten gemacht hatte, mit voller mütterlicher Liebe zu pflegen." (VI, S. 28f)

Nun ist aber mit diesem Sieg der Marquise über die sie vernichtende Situation nicht auch ihre Stellung unter den Menschen zurückgewonnen; sie lebt, zurückgezogen von aller Welt, auf ihrem Landsitz, jede Verbingung zwischen ihr und der Familie ist abgebrochen, „der Türsteher erhielt Befehl, keinen Menschen im Hause vorzulassen" (VI, S. 29). — Der unbekannte Vater ihres Kindes ist ein junger russischer Offizier, Graf F., der sie vor wenigen Monaten aus den Händen einer Rotte plündernder Soldaten, die sie mißhandelten und eben niederwerfen wollten, befreit hatte; „er schien ihr ein Engel des Himmels zu sein" (VI, S. 3). Wie er nun die Marquise in ihre verzweifelte Lage gebracht und die Verstoßung aus dem elterlichen Hause verursacht hat, so geht auf ihn auch ihre Rückkehr und die Versöhnung mit den Eltern zurück: er versucht alle irgendmöglichen Schritte, sie noch vor der Geburt des Kindes zu heiraten, durch ihn erfahren die Eltern, daß sie ihre Tochter ungerecht verstoßen haben, und er führt sie, nachdem ihm, nach Verlauf eines Jahres, von allen Seiten verziehen worden, in ein neues, glückliches Leben: sie feiern Hochzeit, und „eine ganze Reihe von jungen Russen folgte noch dem ersten" (VI, S. 50).

Man fragt: was haben der Sieg der Marquise über die äußeren Umstände durch die innere Kraft des Ich, so daß sie abseits von allen Menschen, ganz in sich zurückgezogen, zu leben vermag, und die Versöhnung mit ihren Eltern und die Hochzeit mit dem Grafen eigentlich miteinander zu tun? Denn daß ihre Tochter wirklich unwissentlich empfing, erfahren die Eltern durch den Grafen, unabhängig von den inneren Vorgängen in der Marquise, und ihre spätere Hochzeit mit dem Grafen, der um Verzeihung bittet und Mühe und Opfer nicht scheut, seinen Fehler wieder gut zu machen, hätte ebenso, auch wenn sie nicht „durch diese schöne Anstrengung mit sich selbst bekannt" geworden wäre, stattfinden können. Wie ist zwischen der Marquise, deren Dasein eine Dimension gewonnen hat, von der ihre Eltern und der Graf garnichts ahnen können, und dem Grafen, an dem der Leser nicht stärker Anteil als an Achill, Jupiter oder Amphitryon nimmt, dessen Schicksal, sofern er eins erleidet, nicht gestaltet wird, und der wie jene Hilfskonstruktion ist, eine Hochzeit überhaupt möglich? Und wie kann sich eine Frau einem Mann vermählen, der gegen sie handelte wie der Graf gegen die Marquise? In der Novelle heißt es, dem Grafen sei „von allen Seiten, um der gebrechlichen Einrichtung der Welt willen, verziehen" (VI, S. 50). Im wirklichen Leben sind Kompromisse dieser Art nötig, denn die Menschen müssen miteinander als Werdende durch eine Reihe langer Jahre, durch Versagen und immer neue Bemühung, gehen, um schließlich, dem ihnen gesetzten Ziel mehr oder weniger nah, zu sterben. Aber ein Dichtwerk, das einen Vorgang jenseits der Zeit, das Erwachen des ewigen Selbst im Menschen, ausdrückt, steht unter anderen Gesetzen als die Wirklichkeit: entweder leben zwei Gestalten auf einer Ebene — und können und müssen, nach einer Forderung unseres sittlichen Urteils, miteinander verbunden werden, oder sie stehen nicht auf einer Ebene — und müssen durch den Dichter getrennt werden[7]).

In der „Marquise von O". sind die Beziehungen zwischen den Gestalten falsch. Die Lösung betrifft, wie die Verherrlichung der Alkmene, die Marquise allein, insofern sie ohne Beziehung zu ihren Eltern und dem Grafen gedacht wird; sie betrifft nicht diese Beziehungen, ihre Stellung unter den Menschen[8]). Wenn wir uns dies klar machen, verstehen wir, wie auf den „Amphitryon" und die „Marquise von O." „Penthesilea" folgen mußte.

Wenn nämlich der Mensch, der nur bezogen existiert, nicht anders sich über sein Schicksal zu erheben vermag, indem er zu sich selber findet, als dadurch, daß er sich aus der Wirklichkeit zurückzieht, dann hebt er gerade mit diesem Sieg, der für Alkmene und die Marquise rettende Lösung schien, seine Existenz auf: die Beziehung zwischen Pen-

[7]) Zur Verdeutlichung ein Gegenbeispiel. In „Weh dem, der lügt!" spricht der Bischof, der — „Du sollst nicht fälschlich zeugen, hat Gott, der Herr, im Donnerhall gesprochen" — die Rettung des geliebten Neffen aus den Händen der Feinde durch Lüge zurückweist, am Schluß:

„Wer deutet mir die buntverworrne Welt!
Sie reden alle Wahrheit — sind drauf stolz,
Und sie belügt sich selbst und ihn; er mich
Und wieder sie; der lügt, weil man ihm log —
Und reden alle Wahrheit, alle, alle."

Auch dies ist ein Ja zur gebrechlichen Einrichtung der Welt, doch wie anders, wie wahr gefühlt! „Sie reden alle Wahrheit" — so gut sie können. Um Wahrheit zu reden, verbergen sie ihr wahres Fühlen: daß Leon und Edrita einander lieben — und lügen also. Aber indem sie Wahrheit redend lügen und, ihrem Gefühl folgend, lügend Wahrheit reden, sind sie einfach — „Wahr ist die ganze kreisende Natur, der Wolf . . . der Donner . . . die Flamme . . . die Wasserflut . . . Wahr sind sie, weil sie sind, weil Dasein Wahrheit" — „und reden alle Wahrheit, alle, alle.

Das Unkraut, merk ich, rottet man nicht aus,
Glück auf, wächst nur der Weizen etwa drüber."

[8]) Erst im „Zweikampf" löst Kleist die, hier ungelöste, Aufgabe: Friedrich und Littegarde erleiden dieselben inneren Vorgänge, die Novelle ist auf beide gebaut. Auch für die „Marquise" wäre diese Möglichkeit der Gestaltung gewesen: wenn der Vorgang im Grafen — Schuld und in der Bereitschaft, diese und alle Konsequenzen auf sich zu nehmen, das Erwachen zu sich selbst — dem inneren Vorgang in der Marquise gleichgewichtig erlebt und gestaltet wäre und der Graf dieselbe neue Dimension des Daseins gewonnen hätte. Dann wäre die Novelle auf beide gebaut, in der Mitte der Darstellung stünde als ganz persönliche Ich-Du-Beziehung die Verzeihung — in der vorliegenden Fassung ist die Verzeihung nur ein Kompromiß —; allerdings würde die Novelle dann ein ganz neues Gedicht sein, das auch ein anderes Grundgefühl, als Kleist es hatte, voraussetzte.

thesilea und Achill ist gestört, eben weil Penthesilea Ich ist, bloßes Ich, wie wir sagten, weil sie, obwohl diese Liebe ihr Sein ist, auch in dem Geliebten nur sich selbst fühlt. Das Ich, Kleists neues Erleben, im „Erdbeben in Chili“ gewonnen und im „Amphitryon“ und der „Marquise“ bewußt und Inhalt geworden, begründet nun die Störung der Beziehung. Im Fortgang der inneren Entwicklung der Aufgabe sind nun neben „Penthesilea“ der „Kohlhaas“ und das „Käthchen von Heilbronn“ entstanden.

5. *„Käthchen von Heilbronn“* [9])

Schon ein Äußeres, das am „Käthchen von Heilbronn“ auffällt, ist der Wechsel von Vers und Prosa. Untersuchen wir, was dieser Wechsel bedeuten mag, so stellt sich heraus, daß nur die Versszenen im Sinne

---

[9]) „Penthesilea“ ist oben ausführlich interpretiert worden. Da der „Kohlhaas“ im für uns Wichtigen mit „Penthesilea“ übereinstimmt, können wir uns hier auf einige vergleichende Bemerkungen beschränken. — Michael Kohlhaas, der Roßhändler, „dessen Rechtsgefühl einer Goldwaage glich“, existiert, wie Penthesilea in der Liebe zu Achill, in einer Beziehung; zu Lisbeth, seinem Weibe, sagt er: „Weil ich in einem Lande, in welchem man mich in meinen Rechten nicht schützen will, nicht bleiben mag. Lieber ein Hund sein, wenn ich von Füßen getreten werden soll, als ein Mensch.“ (VI, S. 24). Diese existenzielle Beziehung ist das Recht, das als religiös begründet empfunden wird — auf die letzten Worte seiner sterbenden Frau: „Vergib deinen Feinden; tue wohl auch denen, die dich hassen.“ antwortet er: „So möge mir Gott nie vergeben, wie ich dem Junker vergebe.“ (VI, S. 28); und das Du, auf das bezogen Kohlhaas existiert, ist die menschliche Gesellschaft, als deren Glied er seinen Pferdehandel betreibt. — Nachdem ihm der Kurfürst von Sachsen die feierlich gewährte Amnestie gebrochen, wird dem Kohlhaas, der, um Klarheit zu erlangen, einen Schritt tat, der ihn dem sicheren Tod überliefert, durch einen Zufall Gelegenheit geboten, sich zu rächen; er besitzt einen Zettel, der dem Kurfürsten mehr als das Leben gilt. Einem an ihn abgesendeten Jagdjunker, der ihm Leben und Freiheit für den Zettel anbietet, antwortet er:

> „Edler Herr! Wenn Euer Landesherr käme und spräche, ich will mich mit dem ganzen Troß derer, die mir das Zepter führen helfen, vernichten — vernichten, versteht Ihr, welches allerdings der größeste Wunsch ist, den meine Seele hegt: so würde ich ihm doch den Zettel noch, der ihm mehr wert ist als das Dasein, verweigern und sprechen: Du kannst mich auf das Schafott bringen, ich aber kann dir weh tun, und ich wills! Und damit, im Antlitz den Tod rief er einen Reuter herbei . . .“ (VI, S. 98f).

Der Triumph und der Tod sollen ineinander gefühlt werden. — Kohlhaas wird das Todesurteil vorgelesen; seinen Prozeß gegen den Junker Wenzel hat er gewonnen; über das ihm verbliebene Eigentum fertigt er ein Testament zu Gunsten seiner Kinder an; — „demnach gleicht nichts der Ruhe und Zufriedenheit seiner letzten Tage . . .“ (VI, S. 115). Man erinnere sich der Lösung in „Penthesilea“: in der Bejahung und Erfüllung des Schicksals, im Tod, Freiheit. — Bevor der Kurfürst von Sachsen selbst in die Ereignisse eingriff, indem er dem Roßhändler, vor dem das ganze Land zitterte, Amnestie und gerichtliche Untersuchung des erlittenen Unrechts zusicherte, hat Kohlhaas, dessen Klage von den sächsischen Räten, Verwandten des Junkers Wenzel, unterschlagen worden war — „er sei ein unnützer Querulant . . . und möge die Staats-

der eigentlichen Handlung des Stückes dramatisch sind; nur sie erzeugen im Zuschauer jene innere, sittliche Anspannung, die das Dramatische ausmacht. Die Prosaszenen motivieren, stellen die Verhältnisse her, in denen sich die Handlung abspielt, enthalten die Problematik, alles Gedankliche, alle Reflexionen, auch die des Gefühls, kurz alles, was nicht direkt zur zentralen Handlung gehört[10]).

Daß Käthchen Hauptgestalt ist, zeigt außer der Sympathie des Dichters die nachtwandlerische Sicherheit, mit der es dem Grafen folgt, die Treue gegen sich und seine Bestimmung. Käthchen und der Graf halten Hochzeit, der Graf ist die zweite Hauptgestalt. Alle Szenen, in denen um das gemeinsame Schicksal beider gekämpft wird, sind Versszenen. In allen übrigen Versszenen versucht entweder Kunigunde, die Verbindung des Grafen und Käthchens zu stören, oder geschieht sonst Wichtiges zwischen Kunigunde und dem Grafen und Käthchen. Der

---

kanzlei mit seinen Plackereien und Stänkereien verschonen" (VI, S. 20) —, die Burg Wenzels überfallen und eingeäschert. Die Verhältnisse liegen also ähnlich wie im „Findling": erlittenes Unrecht und Rache. Aber die Begründung ist anders. Während dort Nicolos individulle zufällige Bosheit und der psychologisch verständliche Rachedurst Piachis die Ermordung Nicolos und Piachis Trotz begründen, wird hier aus einem objektiven, existenziellen Verhältnis, dem Recht, und aus dem Ich begründet. Denn die Notwendigkeit der Rache entspringt nicht, wie für Piachi, einer, wenn auch abscheulichen, Kränkung, sondern Kohlhaas wird durch das rechtswidrige Verhalten des Kurfürsten und seiner Vertrauten — eben noch nicht durch die willkürliche Tat des Junkers Wenzel — in seiner Existenz als Ich bedroht. Die, ganz kleistische, Lösung ist nicht der gerichtliche Ausgleich: Wenzel wird zu Dickfütterung der Rappen verurteilt und Kohlhaas hingerichtet, sondern der Triumph, im Tod, über den Kurfürsten und die durch ihn repräsentierte menschliche Gesellschaft. Die gerichtliche Entscheidung am Schluß der Novelle (vgl. S. 16: „Die Rechtssache war in der Tat klar.") ist, im Hinblick auf die Lösung, die im entgegengesetzten Fall der Voraussetzung entbehrte, nichts mehr als eine Bedingung. — Noch in einem weiteren Punkt besteht Übereinstimmung. Es schien, daß Kleist Penthesilea und Achill wenigstens im Tod vereinigen möchte; diese Vereinigung, wegen des sittlichen Unterschiedes der beiden Gestalten außerdem falsch, ergab sich nicht unmittelbar und notwendig aus der tragischen Lösung. Kohlhaas wird vor seinem Tod wieder in die Gemeinschaft der Menschen aufgenommen, durch den Kurfürsten von Brandenburg, das ist wichtig, der an dem ihm zugefügten Unrecht nicht persönlich beteiligt war. Aber auch diese Wiederaufnahme unter die Menschen ist nicht unmittelbare notwendige Folge der tragischen Lösung. Sie ist, verglichen mit der Hochzeit der Marquise mit dem Grafen F., zwar richtig, aber weder notwendig noch auch schon Gemeinschaft, weil auch hier die Lösung als solche, Kohlhaas Ja zu seinem Tod, so daß er frei wird, noch nicht eine heile Beziehung zwischem ihm und den anderen Menschen herstellt.

[10]) Besonders fällt der Wechsel von Prosa zum Vers in der zweiten Szene des vierten Akts auf. Käthchen liegt im Gras und schläft. Der Graf beginnt mit einem Monolog, in Prosa: „er kann diesem Jammer nicht mehr zusehen" und will Käthchen, das im Schlaf zu sprechen pflegt, fragen, warum sie ihm folgt. Dann Vers: das Gespräch zwischen den beiden, das auch dem Grafen Klarheit über ihre Bestimmung zu einander gibt.

Vergleich der Prosa- mit den Versszenen macht deutlich, daß die Handlung, die der Kampf Käthchens mit Kunigunde um den Grafen ist, nicht nur von Käthchen, das trotz aller Schwierigkeiten, die teils im Grafen selber liegen, teils von der bösen Feindin ausgehen, endlich den Grafen erobert, sondern ebenso vom Grafen und Kunigunde getragen wird. Ferner, daß die übrigen Gestalten, auch der Kaiser und Theobald, nur eine technische Bedeutung haben. In den entscheidenden Szenen 12 bis 16 des dritten Akts steht der Graf zwischen Kunigunde und Käthchen: Akt III, Szene 7 bis 11. Prosa. Nächtlicher Überfall des Rheingrafen auf Thurneck. Szene 12 bis 16. Vers. Kunigunde — Graf — Käthchen. 12. Kunigunde, um Käthchen, dessen unzerstörbare Verbindung mit dem Grafen sie spürt, aus der Welt zu schaffen, schickt es ins Feuer. 13. Der Graf, unbewußt, will Käthchen folgen[11]). 14. Käthchen von einem Cherubim aus dem zusammenstürzenden Schloß geführt. 15. Der Graf glaubt Käthchen tot: „Die Erd hat nichts mehr Schönes." Aber Käthchen ist gerettet, Kunigunde hat doppelt ihr Ziel verfehlt: Käthchen lebt, und hat ihr das Futteral — mit der Urkunde über die ihr vom Grafen gemachte Schenkung, dem Symbol dieser irdisch teuflischen Verbindung — nicht gebracht. Das war die Entscheidung. An dieser Stelle steht das ganze Verhältnis der drei Gestalten untereinander szenisch klar vor dem Zuschauer.

Das „Käthchen von Heilbronn" ist nicht auf eine Gestalt, die allein in der Mitte steht, gebaut. Ebenso wie der Graf auf Käthchen ist auch dieses auf den Grafen hin gedichtet. Das Interesse des Zuschauers ist nicht nur bei dem Mädchen, es möchte seinen Grafen bekommen, sondern man wünscht auch, daß er das Käthchen erhalte. Es zeigt sich, daß das Gefühl des Dichters keineswegs, wie in den bisher untersuchten Gedichten der zweiten Periode, bloß in einer mittleren Gestalt, sondern sowohl in Käthchen, seiner unbedingten Hingebung und seinem unerschütterlichen Vertrauen, als auch im Grafen, der Käthchen ja auch liebt und sich diese unbedingte Hingabe des Mädchens wünscht, liegt. Ja, wir müssen im Grafen den Punkt, von dem aus Käthchen zu verstehen, das Ziel, auf das hin es gestaltet ist, erkennen. Nicht nur der Sinn für das Käthchen liegt im Grafen, sondern auch der Sinn für den Grafen im Käthchen.

Den Gestalten Kleists, am furchtbarsten Penthesilea und Achill, fehlt meistens ein gemeinsamer Inhalt; gewöhnlich leben seine Menschen, in dem, was sie denken, fühlen, wollen, aneinander vorbei. Im „Käthchen" aber gibt es ein Gemeinsames, das beide fühlen, hoffen, denken,

---

[11]) Vgl. „Penthesilea": „Nach Phtia, Königin! — O! Freund! Nach Themiscyra!" (IV, S. 115).

glauben: ihre geheimnisvolle Begegnung in der Silvesternacht. Das ist so stark, daß es in ihnen immer wieder, und besonders, gegen das bewußte Wollen und Wissen, in den Augenblicken, in denen dem Anderen eine Gefahr droht, durch die scheidenden äußeren Hüllen bricht. Der Begegnung in der Silvesternacht entspricht in „Penthesilea", die vor dem „Käthchen" gedichtet wurde — Kleist setzt selbst beide Gedichte in Beziehung zueinander: Käthchen sei die „Kehrseite der Penthesilea, ihr anderer Pol, ein Wesen, das ebenso mächtig ist durch gänzliche Hingebung, als jene durch Handeln ..." (an Marie von Kleist im Herbst 1807) — der Spruch der sterbenden Königin Otrere, der einseitig Penthesileas Bestimmung zu Achill ausdrückt. Man erinnere sich des großen Gesprächs im 15. Auftritt: „Warum lächelst du? — Wer? Ich? — Mich dünkt, du lächelst, Lieber. — Deiner Schöne. Ich war zerstreut ..." (IV, S. 103) und vergleiche das Gespräch des Grafen mit dem schlafenden Käthchen, wie ihr gemeinsames Wissen, vom einen begonnen, vom andern zuende gesagt, von beiden miteinander in jeweils einem Satz ausgesprochen wird.

So ergibt sich, weil der Graf und Käthchen einen gemeinsamen Inhalt des Fühlens, Wünschens, Glaubens haben; weil beide aus dem Gefühl des Dichters stammen; und weil sie in der Handlung wirklich auf einander bezogen sind: daß hier eine echte Ich-Du-beziehung da ist.

Nun wird diese Gemeinschaft aber nur durch einen merkwürdigen Kunstgriff möglich. Der Graf, an einem Nervenfieber auf den Tod krank liegend, weil er ohne Liebe und Du nicht leben will, wird von einem Cherubim nachts in die Kammer Käthchens geführt, das vor dem Einschlafen zu Gott betete, er möchte ihm im Traum den Ritter, von dem die alte Mariane gesprochen hatte, erscheinen lassen. Käthchen und der Graf sind von Gott einander bestimmt. Diese Bestimmung zueinander steht als Voraussetzung fest, Kleist will, daß die Liebenden vereinigt werden. Käthchen und der Graf sind die Hauptpersonen. Jeder von ihnen wünscht sich den anderen; Käthchen, daß der Ritter, der ihm in der Silvesternacht erschienen ist, komme und es auf sein Schloß führe, der Graf, daß er das schöne, reine, ihm von dem Engel gezeigte Mädchen, das mit unendlicher Liebe und Treue ihm ergeben ist, finde. Beide Gestalten kann man aus zwei Gesichtspunkten ansehen: Käthchen ist einmal eine ganz kleistische Gestalt, wie Penthesilea, Kleist fühlt in ihm; und es ist zweitens Wunscherfüllung für den Grafen. Doch auch im Grafen fühlt Kleist, er — und in ihm Kleist — wünscht sich die unbedingte Hingebung des liebenden Mädchens; und er ist Wunscherfüllung für Käthchen, das ihn sich durch seine innere Schönheit erobert. Käthchens gänzliche Hingebung und Treue aber und des Grafen unbewußte Besorgnis — „du nimmst dir gleich ein Tuch um, Katharina . . ." (III, 6; dann auch III, 13) — und daß er es dann als seine Braut in sein Schloß nimmt, ist unmittelbare Folge ihrer Bestimmung zueinander. So daß die Vereinigung der Liebenden zustande kommt dadurch, daß, indem jeder von ihnen auf Grund der gewünschten Bestimmung den anderen wünscht, beide wirklich in einander fühlen und sind, dadurch, daß jeder von ihnen Wunscherfüllung für den andern ist.

Das „Käthchen von Heilbronn" ist nicht eigentlich ein Drama, in dem es um einen tragischen oder komischen Konflikt, sondern ein Märchen, in dem es um die Erfüllung eines Wunsches geht. Käthchen, das unerschütterlich liebt und glaubt, und der Graf, der sich diese Liebe und diesen Glauben wünscht (man denke an Kleists wiederholte Bitte zu vertrauen, in den Briefen an Wilhelmine), sind als Gestalten wirklich, gefühlt und erlebt, wie nur je Gestalten Kleists; nicht als Gestalten unterscheiden sie sich von Alkmene, Penthesilea, Kohlhaas. Aber ihre Vereinigung ist eine gewünschte, die heile Beziehung zwischen ihnen keine wirklich erlebte.

Die Einheit Liebender ist ein der Verstandeserkenntnis sich verschließendes Wunder; sie ist daher immer als ein Geschenk der Götter angesehen worden, Menschen mit offenem, unverbildetem Gefühl schließen auch heute nicht vor Menschen, sondern empfangen von Gott ihre Ehe. Auch diese Einheit der Liebenden wird von ihnen als voraussetzungslos, schlechthin gegeben und absolut gewiß, wie Käthchens und des Grafen Bestimmung zu einander, empfunden. Im „Käthchen von Heilbronn" jedoch setzt Kleist diese Einheit, weil er sie wünscht, gewissermaßen material, als Ursache des Wünschens der beiden Gestalten, aus dem sich dann die Übereinstimmung dieser Gestalten ergibt. Die Einheit der Liebenden aber ist eine jenseitige: Friedrich und Littegarde werden ineinander frei, ohne daß eine Ursache der Vereinigung (materiale Ursache) angegeben werden könnte, ihre Bestimmung zueinander bleibt hinter den Vorgängen verborgen als ein Jenseitiges, das durch die vom Dichter in bestimmter Weise gebildeten Beziehungen gefühlt werden muß.

Im „Käthchen von Heilbronn", dem Märchen, in dem nicht ein Weg, sich in der tragisch erlebten, also fürchterlichen Wirklichkeit zurecht zu finden, gesucht, sondern die Erfüllung eines Wunsches angestrebt wird — hier gibt es keine „gebrechliche Einrichtung der Welt" — wird die Wirklichkeit garnicht gesehen, wie sie ist, sondern wie sie, damit der Wunsch erfüllt werden kann, sein müßte. Das Stück, eines der in sich geschlossensten und einheitlichsten Gedichte Kleists — der Stoff, das Gefühl, die Lösung ist Märchen — vermag daher ein wenig zu beglücken; aber die Aufgabe: wie kann der Mensch, wenn die Beziehungen gestört sind, leben? wird nicht gelöst. Noch leben, in der Wirklichkeit, die Menschen, Penthesilea und Achill, aneinander vorbei.

6. „Hermannsschlacht"

Der Gegenstand der „Hermannsschlacht" ist die Geburt, besser das Zu-sich-selber-finden des — da reichen wieder die Begriffe nicht aus — des Vaterlandes, der Gemeinschaft, des geheimnisvoll unsichtbaren geistigen Etwas, das nicht von dieser Welt und dem Verstand durchaus unbegreifbar ist und das stärker ist als alle abschätzbaren und vernünftig zu bedenkenden Mächte der Welt.

Setzen wir als Grundgefühl voraus, was schon die Untersuchung der vorangehenden Gedichte zeigte: die Bedrohung der Existenz, hier durch Vernichtung der Freiheit und menschlichen Würde ausgedrückt — in der Römer Augen ist der Deutsche ein Tier, das ihm Haare und Zähne liefert wie der Elefant das Elfenbein, der Wurm die Seide —, daß demnach der Kampf um die Freiheit nicht um irdischen Gewinn oder Verlust geht, daß Freiheit bei Kleist im oder vor dem Tod ist, und daß wieder, wenn das Ziel die Vereinigung der lange entzweiten germanischen Fürsten und Stämme ist, die den Schluß bildet, die Aufgabe ist, Beziehungen, Einheit, zu schaffen: so sind einige auffallende Punkte, bei denen offenbar das Bemühen um das Verstehen einsetzen muß, im ersten Akt in der dritten Szene die Stelle, wo unmittelbar auf die Bereitschaft, „den schönen Tod der Helden zu sterben", die Hoffnung folgt, „nach Rom" werde er, Hermann, oder einer seiner Enkel auf diesem Weg gelangen; ferner der dritte Akt und da besonders der dritte Auftritt; und dann im letzten Akt der 22. Auftritt, der Tod des Varus.

I, 3. Hermann sagt:

„. . . Erstreb ich und bezweck ich nichts,
Als jenem Römerkaiser zu erliegen . . ." (V, S. 13)

„. . . Wollt ich auf Erden irgendwas erringen,
Ich würde glücklich sein, könnt ich mit Männern mich,
Wie hier um mich versammelt sind, verbinden;
Jedoch, weil alles zu verlieren bloß
Die Absicht ist — so läßt, begreift ihr,
Solch ein Entschluß nicht wohl ein Bündnis zu:
Allein muß ich, in solchem Kriege, stehn,
Verknüpft mit niemand, als nur meinem Gott." (V, S. 15)

„. . . Meine ganze Sorge soll
Nur sein, wie ich, nach meinen Zwecken,
Geschlagen werd . . ." (V, S. 17f)

„. . . und triumphieren . . .
Wenn ich — nach einer runden Zahl von Jahren,

Versteht sich — im Schatten einer Wodanseiche,
Auf einem Grenzstein, mit den letzten Freunden,
Den schönen Tod der Helden sterben kann." (V, S. 18)

Nun aber, auf den Einwurf: „Auf diesem Weg nicht kömmst du eben weit", antwortet Hermann:

„Nicht weit? Hm! — Seht, das möcht ich just nicht sagen.
Nach Rom — ihr Herren Dagobert und Selgar!
Wenn mir das Glück ein wenig günstig ist.
Und wenn nicht ich, wie ich fast zweifeln muß,
Der Enkel einer doch, wag ich zu hoffen,
Die hier in diesem Paar der Lenden ruhn!" (V, S. 18f)

Das Merkwürdige der Szene I, 3 ist der Übergang vom Leiden zum Tun, der auf den ersten Blick ein tiefer Bruch zu sein scheint. Alle uns bekannten Tragödien — und, der Stimmung nach, ist die „Hermannsschlacht" ein tragisches Gedicht — stellen den tragischen Helden als Leidenden dar. So kann man auch Hermanns Bereitschaft zum „schönen Tod der Helden", seine „einzige Sorge, wie er geschlagen werde", sein Ziel, „alles zu verlieren", als Leiden, als Willen zum Leiden verstehen. Aber dann wendet er sich zur Hoffnung, durch diese Todesbereitschaft werde er oder einer seiner Enkel Rom erobern. Und diese Hoffnung steht nicht irgendwo am Rande und untergeordnet, sondern füllt, als Spielgeschehen, den größten Teil des Dramas aus, dessen Inhalt doch der Sieg über die Römer mit den erforderlichen Vorbereitungen ist. Alle anderen Hauptgestalten Kleists sind nicht von sich aus Tuende, sondern, was sie tun, geschieht ihnen; das gilt auch für Penthesilea, Käthchen, Kohlhaas. Hermann aber ist kein Leidender, das wird durch I, 3 und den weiteren Gang des Dramas ganz deutlich, sondern ein Handelnder; dargestellt wird die Rache, und das Leiden, als Bereitschaft zum Tod, wird nur noch in die Darstellung der Rache mit hineingenommen. Im „Amphitryon" wurde die Lösung durch eine Inkosequenz in der Gestalt Jupiters, im „Käthchen" durch den Kunstgriff, Käthchen als vom Grafen gewünscht zu dichten, möglich. In der „Hermannsschlacht" scheint die Lösung auf eine ähnliche Weise zustande zu kommen: durch eine Inkonsequenz der seelischen Verfassung, durch die Wendung vom Leiden zum Tun. Die Frage nach der Einheit wird hier besonders dringlich, weil — am Anfang des Stückes verlassen die deutschen Fürsten Hermann, am Schluß ist der Bund, der Gemeinschaft, Freiheit und Sieg über die Römer bedeutet, geschlossen — offenbar, wie Kleist glaubte, mit dem inneren Vorgang in der „Hermannsschlacht" Gemeinschaft und Freiheit, die mit dem existenziellen Gefühl Hermanns noch nicht gegeben sind, erschaffen werden.

III, 3. Den dritten Akt muß man sich szenisch vorstellen. Hermann und die Cherusker erwarten die Römer. Man sieht sie noch nicht. Aber man sieht die Dörfer brennen, durch die sie näher rücken. Und Boten treten auf, die von verübten Greueln berichten, von Mord und Schändung der Heiligtümer. Die Cherusker jammern. Und Hermann schürt den Haß. Dazu befiehlt er, diese mordenden, plündernden Römer festlich zu empfangen und zu bewirten. Inzwischen lagert er sich mit der zum Empfang des Varus festlich geschmückten Thusnelda öffentlich unter einer Linde, umarmt sie, trinkt, küßt, scherzt. Rauchschwaden ziehen über den Himmel, die Cherusker erharren zitternd die Ankunft der Römer, der Zuschauer weiß, in wenigen Stunden wird die mörderische Schlacht stattfinden, die das römische Heer vernichten soll. Und Hermann, auf üppigen Polstern, vor aller Augen — „schämst du dich nicht?" — umarmt Thusnelda, trinkend, lachend. Vor allem lachend:

„Warum soll sich, von seiner Not,
Der Mensch auf muntre Art nicht unterhalten?" (V, S. 56)

Dann tritt Varus auf, selbstsicher, im gewissen Bewußtsein seiner und der Römer Überlegenheit. Er und Hermann, der ihn in seiner Haltung noch bestärkt, reden, leer und konventionell, über gleichgültige Dinge. Das vordergründige Geschehen ist nichtssagend heiter, aber schon schwebt das Gewitter über den Römern, legt Hermann Varus lächelnd die Schlinge um den Hals.

Es gibt eine grausige Einrichtung, die diesem dritten Akt verglichen werden kann: den an den Pfahl gefesselten und die ihn umtanzenden Indianer. Der Marterpfahl ist ein Rausch, ein Tanz, ein Fest. Da ist ein Gefangener, der lachend seine Feinde, während sie ihn töten, verhöhnt, und der sich selbst dabei in seinem Leid als ewig und frei erlebt. Und da sind seine Besieger, die, indem sie ihren Gefangenen zu Tode quälen und er sie dabei verhöhnt, sich ebenfalls als ewig und frei erleben. Er wird gequält, er leidet, sie quälen ihn, sie tun, und im beide vereinigenden Geschehen erleben sich beide als frei. Tragik ist eine Situation, in der sich der Mensch befinden kann, und Tragödie ist ein Zustand der Seele, ist Form. Der Marterpfahl, der aus der Zeit des verzweifelten Abwehrkampfes der unterliegenden Indianer gegen die weißen Eindringlinge stammen soll, ist eine andere Form von Tragödie.

Man erinnere sich der Frage, ob jene Wendung vom Leiden zum Tun einen Bruch bedeute. In III, 1 brennen die Dörfer, in III, 6 hat sich hinter Varus das Tor der Falle, in die er eintrat, geschlossen. Dazwischen liegt die merkwürdige Lachszene. Die Frage nach der Einheit stellt sich schärfer, da Leiden und Tun unmittelbar nebeneinander gestellt, ja ineinander geschachtelt werden. Nun, die Stimmung in der „Hermannsschlacht" ist ähnlich der Stimmung der um den Gemarterten tanzenden Indianer, dieselbe Mischung aus Tod, Rausch, Haß, Lust, Rache, Spott, dieselbe Lust zu quälen und sich quälen zu lassen, dasselbe Ziel, die Freiheit: die Stimmung in der „Hermannsschlacht“ ist in sich einheitlich.

V, 22. Varus, nachdem sein Heer vernichtet ist, trifft auf Hermann und die zu Beginn der Schlacht noch ihm verbündeten deutschen Fürsten Fust und Gueltar.

Herm.: Steh, du Tyrannenknecht! . . .
Varus: *(nimmt ein Schwert auf)*
Nun will ich tun, als führt ich zehn Legionen.

Hermann und Fust kämpfen um das Recht, mit Varus auf Tod und Leben zu kämpfen. Fust verwundet Hermann am Arm. Dann beginnt der Kampf zwischen Fust und Varus:

Varus: Es soll der Tod sein, den du dir errungen!
Fust: Der Tod? Nimm dich in Acht! Auch noch im Tode
Zapf ich das Blut dir ab, das rein mich wäscht!
Varus: Rom, wenn du fällst, wie ich: was willst du mehr?

Varus fällt. Die Germanen schreien Triumph. Fust, der Hermann bluten sieht:

„Herrmann! Mein Bruderherz! Was hab ich dir getan?
(er fällt ihm um den Hals)
Hermann: Nun, es ist alles gut“. (V, S. 131—134)

Varus stirbt, tapfer und höhnend: die Stimmung bleibt in sich einheitlich, jene Stimmung, die wir der Marterung eines gefangenen Indianers verglichen; nur daß nicht Hermann und die Deutschen, wie ursprünglich zu erwarten, leiden und die Römer handeln, sondern umgekehrt die Deutschen handeln und die Römer sterben; aber nicht das ist ja wesentlich, wer handelt und wer leidet, sondern daß die seelischen Vorgänge in sich eins bleiben. Die Bereitschaft zum Tod ist nicht der Hoffnung auf den Sieg gewichen; denn indem Varus sich zum Kampf stellt, verlangt er von seinen Gegnern im entscheidenden Augenblick die Bereitschaft zum Tod.

Unsere eigentliche Frage aber war: wie entsteht, bei Kleist, Gemeinschaft? Weder haben die deutschen Fürsten, die

„vereint, nach alter Sitte,
Den Adler Roms, in einer muntern Schlacht,
Aus unserm deutschen Land hinwegzujagen“

ein geheimes Bündnis schließen wollen, mit Hermann, der sie auffordert, ihre Fluren zu verheeren und ihre Plätze niederzubrennen, Gemeinschaft; mach versteht Thusnelda ihn, die sich von Ventidius geliebt glaubt, und die ihm, auf seine Versicherung: „Ich liebe meinen Hund mehr als er dich“, antwortet:

„Dich macht, ich seh, dein Römerhaß ganz blind.
Weil als dämonenartig dir
Das Ganz' erscheint, so kannst du dir
Als sittlich nicht den Einzelnen gedenken.“ (V, S. 35)

Dann aber, nach dem Sieg über die Römer und dem Zweikampf mit Varus, wird der Bund, der die Befreiung Germaniens von den Römern bedeutet, geschlossen, zuerst mit Marbod, dem Sueven, dann mit den von Varus abgefallenen Germanen Fust und Gueltar, und endlich mit jenen Mißvergnügten, die Hermann am Anfang des Stückes hatte stehen lassen, und die jetzt sich selbst bringen, „mit allem, jetzt, was sie besitzen" (V, S. 136). Und auch die Gemeinschaft zwischen Hermann und Thusnelda ist jetzt, nach ihrer Rache an Ventidius, nach deren Vollendung sie in Ohnmacht gesunken war, plötzlich da: „(an seinem Busen) Mein Geliebter! — Mein schönes Thuschen! Heldin grüß ich dich . . ." (V, S. 135).

Gemeinschaft, in der „Hermannsschlacht", ist gleiches Recht zum Tod, das heißt, zu töten und zu sterben:

„*(Hermann und Varus bereiten sich zum Kampf)*
Fust: *(sich dazwischen werfend)*
Halt dort, Armin!
Quintilius Varus
Ist mir, und wenn ich sinke, dem verfallen!
Herm.: Wem! Dir? Euch? — Ha! Sieh da! Mit welchem Recht?" (V, S. 132)

Und als Thusnelda erfuhr, wie sie in ihrem Gefühl durch Ventidius betrogen wurde, sprach sie: „Nun mag ich diese Erde nicht mehr sehn" (V, S. 94), und wandte sich zu ihrer gräßlichen Rache.

Im Grunde ist Hermanns Haß und Thusneldas Racheverlangen nichts anderes als Penthesileas: „So soll er in den Staub herab . . ." und Kohlhaas: „Ich aber kann ihm weh tun, und ich wills!" Neu ist aber, daß, weil Varus tapfer und höhnend stirbt und so das Stück in sich einheitlich bleibt, hier, anders als im „Amphitryon" oder dem „Käthchen", erlebte und zugleich heile Beziehungen entstehen. Diese Gemeinschaft beruht auf der Kleist eigenen formalen Vereinigung der Teile zum Ganzen. Wir hatten gesehen, daß die Einheit der gegen einander isolierten Glieder des Satzes offen ist, indem sich jedes von ihnen, spontan, wie wir sagten, aus sich so verhält, daß es Träger einer jenseitigen Bewegung ist, die der Sache nach im Satz nicht greifbar wird. Wir hatten dann gefunden, daß dadurch, wie der Zuschauer Penthesileas Gefangenschaft und Freiheit ineinander fühlt, ihr Ich-sein als ein transzendentes Werden fühlbar wird. Der unsichtbar verbindende, nicht, wie der Silvesternachtstraum, substanziell greifbare Gegenstand der „Hermannsschlacht" ist Germanien — Hermann zu Aristan: „Du bist imstand und treibst mich in die Enge, fragst, wo und wann Germanien gewesen?" (V, S. 139) —; das Vaterland, Germanien, wird geboren, indem jeder Einzelne, spontan, unter demselben Schicksal und vor dem Tod steht. Sicher geht die Frage nach der Gemeinschaft auf einen Inhalt. Doch müssen wir erkennen, daß dieser Inhalt selbst Form ist: die formale künstlerische Einheit des Ganzen, das aus mehreren Gliedern, den Gestalten, einschließlich der Römer, besteht, ist das Vaterland. Auch diese Gemeinschaft ist offen; dem Einzelnen wird das bewußt in einem Gefühl des Eins-seins vor dem Schicksal.

Die „Hermannsschlacht" ist unter Kleists Gedichten das erste, in welchem die formale Einheit, die nur Kleist eigene Fügung, heile Beziehung, Gemeinschaft unter den Menschen bedeutet. Die Aufgabe, heile Beziehungen zu schaffen, die dem Dichter durch die geschichtliche und persönliche Situation, in der er lebt, gestellt wurde, findet durch die künstlerisch handwerkliche Bemühung, die Gesetze der Kunst zu erfüllen, hier zuerst eine notwendige Lösung.

7. *„Prinz Friedrich von Homburg"*

Kleist nennt dieses Drama ein „väterländisches Schauspiel" (am 21. 6. 1811 und Juli 1811 an Reimer, am 15. 8. 1811 an de la Motte-Fouqué). — Am Tag der Schlacht bei Fehrbellin, in welcher der Große Kurfürst ein schwedisches Heer, das weit nach Brandenburg hinein vorgedrungen ist, entscheidend besiegt, handelt einer seiner Generäle, der Prinz von Homburg, trotz des besonderen Hinweises: daß der Sieg Thron und Reich gälte, seinem Befehl zuwider und greift eigenmächtig vorzeitig in die Schlacht ein. Der Kurfürst läßt ihn deswegen zum Tod verurteilen, denn —

„Der Sieg ist glänzend . . .
Doch wär er zehnmal größer, das entschuldigt
Den nicht, durch den der Zufall ihn mir schenkt:
Mehr Schlachten noch als die hab ich zu kämpfen . . ." (V, S. 53)

— wenn die Offiziere ihre Befehle nicht ausführen, ist das Vaterland tot, dann werden, vielleicht schon mit der nächsten Schlacht, die Feinde Brandenburg unterwerfen. Aber, nachdem Homburg, der aus jugendlichem Ehrgeiz und Schwärmerei — nichts lag ihm ferner, als an das Wohl des Vaterlandes zu denken — seinen Befehl übertreten hatte, im Angesicht des gewissen Todes und selbst zur Entscheidung über seine Tat aufgerufen, zu sich selbst fand —

„. . . er handle, wie er darf;
Mir ziemts hier zu verfahren, wie ich soll!" (V, S. 90)

— und sich für den Tod fürs Vaterland entschied —

„Ich will das heilige Gesetz des Kriegs . . .
Durch einen freien Tod verherrlichen!" (V, S. 110)

begnadigt der Kurfürst ihn; das Stück endet mit dem allgemeinen Ruf:

„Zum Sieg! Zum Sieg!
In Staub mit allen Feinden Brandenburgs!" (V, S. 116)

Der innere Vorgang im Prinzen muß demnach, so will es Kleist, den Sieg und die Rettung des Vaterlandes bedeuten.

Die Entscheidung Homburgs, den Tod auf sich zu nehmen, ist, wie Josephes: „Hier, mordet mich!“ freie sittliche Tat des Ich, das in der Entscheidung zu sich selber findet — „durch diese schöne Anstrengung mit sich selbst bekannt gemacht“ — und frei wird. Der Kurfürst glaubt an dies Ich im Prinzen:

„Die höchste Achtung, wie dir wohl bekannt,
Trag ich im Innersten für sein Gefühl.“ (V, S. 79)

und läßt ihn selbst entscheiden:

„Wenn er den Spruch für ungerecht kann halten,
Kassier ich die Artikel: er ist frei!“ (V, S. 79)

Homburg aber, der noch soeben —

„Seit ich mein Grab sah, will ich nichts, als leben,
Und frage nichts mehr, ob es rühmlich sei!“ (V, S. 71)

— die Kurfürstin angefleht, sie möchte um Gnade für ihn bitten, beschließt —

„Mich selber ruft er zur Entscheidung auf!“ (V, S. 88)

— in Freiheit fürs Vaterland zu sterben:

„Er handle, wie er darf;
Mir ziemts hier zu verfahren, wie ich soll!“ (V, S. 90)

Er wird mit verbundenen Augen hinausgeführt, zur Hinrichtung, wie er meint, und spricht:

„Nun, o Unsterblichkeit, bist du ganz mein!“ (V, S. 114)

Freiheit, in der Bejahung des Todes, ist jenseits der Zeit. Für die Freiheit an sich ist es unwesentlich, ob der Held dann wirklich stirbt oder nicht. Aber für die Darstellung, in der die Freiheit als jenseitige nur gefühlt werden kann, wenn sie in der Zeit nicht verwirklicht wird, ist es wichtig, daß der Tod (oder Entsprechendes) eintritt. Homburg wird begnadigt. Warum?

Homburg bittet, nachdem er sich für den Tod entschieden, den Kurfürsten um eine Gnade: nicht mit der Hand Natalies den Frieden von den Schweden zu erkaufen. Und nachdem sie gewährt worden —

„Was auch bedarf es dieses Opfers noch . . .
Blüht doch aus jedem Wort, das du gesprochen,
Jetzt mir ein Sieg auf . . .“ (V, S. 111)

— ruft er:

„Nun sieh, jetzt schenktest du das Leben mir!
. . . und überwinde
Den Weltkreis, der dir trotzt — denn du bists wert!“ (V, S. 111f)

— Rittmeister Stranz, der den Prinzen, den der Kurfürst begnadigte, mit verbundenen Augen in den Garten führt, nimmt ihm, der fragt:

„Schlug meiner Leiden letzte Stunde?"

die Binde mit den Worten ab:

Ja!
Heil dir und Segen, denn du bist es wert!" (V, S. 115)

Das Drama endet nicht tragisch mit Homburgs Ja zum Tod, sondern mit der gegenseitigen Bejahung: der Prinz findet das Ja zum Kurfürsten, und dieser, mit den Worten des Rittmeisters Stranz, das Ja zum Prinzen. Diese gegenseitige Bejahung ist heile Beziehung, und diese bedeutet die Errettung und Freiheit des Vaterlandes.

Daß Kleist in besonders inniger Beziehung zu seinem Vaterland, Deutschland, lebte, ist bekannt. Deutschland wurde seit der Niederlage Österreichs 1805 und Preußens 1807 von Napoleon unterdrückt. Eigentlich gab es damals, und vorerst auch bloß bei wenigen, nur ein Bewußtsein der geistigen Einheit der Nation; aber Deutschland, das Vaterland, an dessen Existenz die Existenz jedes einzelnen Deutschen unlösbar geknüpft ist, gab es, im politischen Bewußtsein der Deutschen, noch nicht. Kleist fühlte, daß durch Napoleon die Existenz Deutschlands, das erst werden sollte, bedroht wurde, und er spürte, daß sich in ihm, dem Dichter —

„Wehe, mein Vaterland, dir! Die Leier, zum Ruhm dir, zu schlagen,
Ist, getreu dir im Schoß, mir, deinem Dichter, verwehrt."

— eine Antwort bildete und er an der Einheit, die Deutschland, Vaterland, heißt und Rettung und überhaupt Sein bedeutet, wirken solle. Er dichtete die „Hermannsschlacht", in der das Vaterland Wirklichkeit wird, indem jeder, spontan aus sich, unter demselben Schicksal und vor dem Tod steht. Er eilte, als sich 1809 Österreich erhob, aufs Schlachtfeld. Als dann die Erhebung niedergeschlagen wurde, folgte sein Zusammenbruch in Prag. Offenbar war die Lösung in der „Hermannsschlacht" falsch oder genügte nicht; denn wäre sie richtig und genügte sie, so hätte ihn der Sieg Napoleons nicht verzweifeln lassen dürfen; denn er hätte das Bewußtsein des Siegs und der Freiheit, das unabhängig vom Geschehen in der Wirklichkeit ist, in sich getragen. Nach dem Zusammenbruch in Prag hat Kleist noch zwei wichtige Werke gedichtet, das Drama „Der Prinz von Homburg" und die Novelle „Der Zweikampf". Im „Homburg" ist die neue Lösung: daß der Kurfürst und der Prinz das Ja zueinander finden; im „Zweikampf": daß Friedrich und Littegarde ineinander frei werden. Gemeinschaft — Liebe im „Zweikampf", das Vaterland im „Homburg" — ist mit der Gleichheit vor dem Schicksal, wie in der „Hermannsschlacht", noch nicht, diese ist nicht mehr als eine Bedingung, sondern ist erst, wenn Menschen, die unter demselben Schicksal stehen, auch in einander sind und fühlen.

Wie wird im „Homburg“ begründet? Homburg ist ein disziplinloser, eitler, verliebter, schwärmender Jüngling, der an nichts als seinen Ruhm und das Mädchen, das er liebt, und durchaus nicht an das Vaterland, dessen Bestand auf dem Spiele steht, denkt, gewiß alles andere als eine bedeutende Persönlichkeit. Hätte man sich auf ihn, ein von ihm gegebenes Versprechen verlassen können? Wohl nicht, in ihm war nicht das, dem man Vertrauen schenken kann; man fühlt dies peinlich im 6. Auftritt des 2. Aufzugs. Er stürzt sich, aus Furcht, den Ruhm des Siegers entbehren zu müssen, vorzeitig in die Schlacht, gegen den ausdrücklichen Befehl des Kurfürsten. Verdient er den Tod für seinen Ungehorsam? Gewiß, denn wenn die Offiziere ihre Pflicht nicht erfüllen und handeln wie der Prinz von Homburg, geht das Vaterland zugrunde. Ist er überhaupt der Anteilnahme des Zuschauers wert? Das Gefühl urteilt: nein. Er müßte seinem Befehl entgegen handeln müssen, wie Antigone, die den toten Bruder bestattet. Der Kurfürst, wenn er den Prinzen, den er liebt, hinrichten läßt, hat Recht; was geht uns ein junger Mann an, der sich nicht beherrschen kann und deswegen sterben soll? —Der Kurfürst läßt den Prinzen selbst über seine Tat entscheiden, der entschließt sich, wie wir gesehen, für den Tod, und der Kurfürst begnadigt ihn. Homburg ist also doch die Hauptgestalt, er verdient doch des Zuschauers Anteilnahme; denn: bis zu seinem Zusammenbruch war er wirklich jener törichte Jüngling, doch war das Ich in ihm noch garnicht erwacht, nun erst, vor dem sicheren Tod stehend, erwacht er zu sich selbst.

Das Vaterland existiert, indem der Prinz er selber ist, und der Prinz ist er selber, indem er für das Vaterland zu sterben bereit ist. Dieses fühlt Kleist, und die Vorgänge im Prinzen und seine Beziehung zum Vaterland sind in sich notwendig und richtig. Aber die L ö s u n g im „Homburg“ ist ja gar nicht, daß zwischen dem Prinzen und dem Vaterland eine notwendige Beziehung entsteht, das ist nur eine Bedingung, die Lösung ist doch, daß der Kurfürst und Homburg zueinander das Ja finden; denn das Wichtige ist die heile Beziehung zwischen den Menschen.

Es scheint, wegen der Lösung: in der gegenseitigen Bejahung wird das Vaterland rettende Wirklichkeit, daß Kleist im „Homburg“ eine dritte Form des Schauspiels, die neben Tragödie und Komödie steht, angestrebt hat: zwei Wahrheiten, die sich auszuschließen scheinen, lösen sich in einer höheren Wahrheit auf. Die Lösung der attischen Trilogie war derart: Orest muß die Mutter töten, Apollon hat Recht, und er muß an der Tat zugrunde gehen, die Erinyen haben Recht; göttliches Recht steht gegen göttliches Recht, und in dem Spruch der Menschen, die, der

Areopag, als Richter angerufen werden, in deren Urteil Weisheit und Gerechtigkeit ist, wird, als in der höheren Wahrheit, der Streit der Götter aufgehoben. Friedrich muß verzweifeln, Littegarde muß ebenfalls verzweifeln, und über dieser doppelten, notwendigen Verzweiflung erhebt sich als Rettendes die Liebe.

Aus der Begnadigung des Prinzen folgt, daß der Kurfürst, jedenfalls in dem Augenblick, in dem er die Begnadigung ausspricht, nicht Recht haben kann; denn müßte er ihn hinrichten lassen, so dürfte er ihn nicht begnadigen. Nun wird aber die Tat des Prinzen, sein Ungehorsam in der Schlacht, nicht aufgehoben, denn sie ist geschehen, und etwas, das geschehen ist, kann nie rückgängig gemacht werden. Da aber der innere Vorgang im Prinzen jenseits der Zeit, transzendent ist, kann, auch wenn später die Voraussetzung der Verurteilung fortfällt, das Todesurteil, auch schon als der Kurfürst es fällte, nicht notwendig gewesen sein. Die Lösung im „Homburg", nicht insofern sie bloß des Prinzen Beziehung zum Vaterland betrifft, sondern insofern erst in der Beziehung zwischen dem Prinzen und dem Kurfürsten das Vaterland Wirklichkeit wird, würde voraussetzen, daß sowohl der Prinz als auch der Kurfürst Recht haben, das heißt, daß der Prinz ungehorsam werden muß und daß der Kurfürst ihn dafür zum Tod verurteilen lassen muß. Aber weder der Ungehorsam noch die Verurteilung werden notwendig begründet; der Prinz handelte aus törichtem jugendlichen Ehrgeiz — erst später erwacht das Ich in ihm — und der Kurfürst handelt preußisch — aber das Preußentum ist für Kleist schon tot[12]) —: so daß wir mit unserer Interpretation wohl, was Kleist fühlte und wollte, jedoch nicht, was er gedichtet hat, getroffen haben.

Im „Homburg" ist einiges, das mit dem Vaterland in keinem rechten Zusammenhang zu stehen scheint: das Nachtwandeln des Prinzen, die Sache mit dem Handschuh, seine Verlobung mit Natalie, sein Verzicht auf die Geliebte und endlich ihre Vermählung, kurz, die Liebe zwischen Homburg und Natalie. Kleist, das macht Verschiedenes deutlich, hat diese Liebe für wichtig gehalten. So erzählt der Prinz dem Grafen Hohenzollern:

---

[12]) Die allein auf der allgemeinen Fähigkeit zum Guten und auf der Erkenntnis dieses Guten beruhende bloß formale Erfüllung der Pflicht, ohne Abhängigkeit von einem Erlebten und ohne Liebe, war, nachdem die barocken Ordnungen ihre lebendige Kraft verloren, die von Friedrich II., Kant, Lessing und einigen anderen geschaffene Ordnung: politisch der Preußische Staat, der dadurch ist, daß jeder seine Pflicht tut. Daß Kleists Kurfürst, der den preußischen Staat repräsentiert, den Prinzen, der seine Pflicht nicht erfüllte, begnadigt, zeigt, daß für Kleist das Preußentum tot und die Pflichterfüllung des Kurfürsten bloße, leere Pflichterfüllung ist. Hinzu kam der tatsächliche Zusammenbruch Preußens, den Kleist als endgültig erlebte; sein vaterländisches Bewußtsein war nicht mehr preußisch.

„Welch einen sonderbaren Traum träumt ich?! —
Mir war, als ob . . .
Der ganze Reigen zu mir niederstiege
Der Menschen, die mein Busen liebt:
Der Kurfürst und die Fürstin und die — dritte,
— Wie heißt sie schon?
Hohenz.: Wer?
Hombg.: Jene — die ich meine!
Hohenz.: Die Platen?
Hombg.: Nicht doch, Lieber!
Hohenz.: Die Ramin?
Hombg.: Nicht, nicht doch, Freund!
Hohenz.: Die Bork? die Winterfeld?
Hombg.: Nicht, nicht; ich bitte dich! Du siehst die Perle
Nicht vor dem Ring, der sie in Fassung hält.
Hohenz.: Zum Henker, sprich! Läßt das Gesicht sich raten?
— Welch eine Dame meinst du?
Hombg.: Gleichviel! Gleichviel!
Der Nam ist mir, seit ich erwacht, entfallen,
Und gilt zu dem Verständnis hier gleichviel.“ (V, S. 12f)

Zwischen dem Prinzen und Natalie besteht eine tiefe, ihnen aber noch nicht bewußte Beziehung: Homburg spricht etwas später (V. 207—13, S. 16) von Natalie, ohne einen Zusammenhang zwischen ihr und der Erscheinung seines Traumes zu vermuten, und sie steht ihm vorerst bloß freundlich (V. 33, S. 5; V. 317, S. 25; und II, 6, S. 43f) gegenüber. Homburg hält beim Erwachen einen Handschuh in der Hand, den er der „süßen Traumgestalt“ vom Arm gerissen, und —

„Herr meines Lebens! Hab ich recht gehört?“ (V, S. 22)

— Natalie, ohne an den Prinzen zu denken, vermißt diesen Handschuh, der ihm von seinem Traum übrig geblieben. Er läßt ihn fallen und reicht ihn dann Natalie —

„Was! Ist das der Eurige?
Natalie: Ich dank Euch, edler Prinz.
Hombg.: *(verwirrt)* Ist das der Eure?“ (V, S. 25)

Man denke an Penthesileas Bestimmung zu Achill, die ihn im Innern schon kannte, ehe sie ihn gesehen hatte, und ans Käthchen, das ohnmächtig niederfiel, als es den Grafen, ebenfalls eine Traumerscheinung, in Fleisch und Blut erblickte. — Homburgs Kleinmut gipfelt in seinem Verzicht auf Natalie:

„Ich gebe jeden Anspruch auf an Glück.
Nataliens . . .
Begehr ich gar nicht mehr, in meinem Busen
Ist alle Zärtlichkeit für sie verlöscht.“ (V, S. 71)

— Am Schluß des Stückes, nach der Wandlung Homburgs und mit der Begnadigung, werden die Liebenden vereint: Natalie „setzt ihm einen Kranz auf, hängt ihm die Kette des Kurfürsten um, und drückt seine Hand an ihr Herz" (V, S. 116).

Wenn, im Bau des Dramas, die Geburt und Rettung des Vaterlandes, wie es schien, in der Mitte stünde und Zweck wäre, müßten der erste Auftritt als Verheißung, der Verzicht auf Natalie als Ausdruck der Tiefe des Kleinmuts, und die glückliche Vermählung als Belohnung angesehen werden. Denn die Liebe kann weder die Begründung des Ungehorsams sein, weil dieser das uneigentliche Sein des schwärmenden Jünglings, jene dagegen sein eigentliches Sein als Ich betrifft, noch der Verurteilung zum Tode, weil Hohenzollerns Vermutung, der Grund für die Verurteilung wäre Homburgs Verlobung, da sie nicht aus dem Wesen des Kurfürsten folgt, falsch ist. Das heißt, die Liebe kann, wenn das Stück aufs Vaterland gebaut ist, nur eine geringe Bedeutung haben. Vor allem wäre eine Problematik, daß Homburg und Natalie zueinander bestimmt sind (Handschuh) und ihre Beziehung bedroht wird (durch des Prinzen Kleinmut) ganz unverständlich.

Ein junger Mann, der Prinz von Homburg, liebt die Nichte seines Fürsten, Natalie. Die Liebenden sind einander bestimmt, aber der Prinz begeht ein Verbrechen, für das ihn der Kurfürst zum Tode verurteilen muß. Er verfällt dem tiefsten Kleinmut, und die Liebe scheint zu zerbrechen. Der Kurfürst läßt ihn selbst über sich entscheiden. Der Prinz ist bereit, den Tod zu erleiden. Mit dieser Entscheidung, mit der er dem Kurfürsten einen wertvollen Dienst leistet, erwirbt er sich dessen Gunst: er begnadigt ihn und vermählt ihn mit seiner Nichte. — Das Verbrechen des Prinzen ist Ungehorsam in der Schlacht, ist Gefährdung des Siegs, der „Thron und Reich" gilt, ist Bedrohung der Existenz des Vaterlandes. Er soll deswegen sterben; der Kurfürst muß ihn verurteilen, weil er „mehr Schlachten noch, als die, zu kämpfen" hat. Man erinnere sich, es wurde bereits gesagt, aus der Art der Begründung folge die Art der Lösung: indem nun der Prinz, der selbst zur Entscheidung aufgerufen ist, seine Beziehung zum Vaterland erkennt, finden er und der Kurfürst zueinander, an die Stelle der Gefährdung des Vaterlandes tritt die Rettung des Vaterlandes. So ist des Prinzen Verbrechen, durch das die Liebe fast zerbrochen wäre, aufgehoben und die Voraussetzung für die glückliche Vermählung der Liebenden geschaffen.

Dem Bau nach ist der „Prinz von Homburg" ein Gedicht von der Bedrohung und Erfüllung einer Liebe; durch die Art der Begründung und Lösung aber, in seinem Inhalt, dennoch, wie Kleist selbst es nennt, ein „vaterländisches Drama".

Wenn wir uns die Handlung und den Konflikt an sich, abgezogen von allem Inhalt, vorstellen, sehen wir, daß der „Homburg", der inneren Anlage nach, Lustspiel ist: erstens, weil mit der Begnadigung der Prinz, die Hauptgestalt in der Liebeshandlung, über den Kurfürsten siegt — ob komisch durch Keckheit und natürliche Empfindung oder, wie hier, durch einen tiefen und ernsten Vorgang in der Seele, hat darauf, daß der Bau der eines Lustspiel ist, keinen Einfluß —; zweitens, weil die Verurteilung zum Tode, die der Kurfürst wieder aufheben kann, eben deswegen nicht als notwendig, wie ein tragisches Gedicht es forderte, gefühlt wird — wie eben in der Komödie die Verwicklungen aus den Leidenschaften, die man haben oder nicht haben kann, törichter Menschen entstehen[13]). Nun handelt es sich im „Homburg" um den Bestand oder Untergang des Vaterlandes. Ein Konflikt aber, in dem die Existenz des Vaterlandes auf dem Spiel steht, ist, nach einem allgemeinen sittlichen Urteil unseres Gefühls, tödlich ernst; auch Kleist, das zeigte sich, meint die Vorgänge ernst. So darf also der Kurfürst den Prinzen von sich aus nicht begnadigen können.

Damit stehen wir wieder an dem Punkt, an dem die Interpretation schon einmal stockte, nur daß inzwischen der Bau klar geworden ist: die gegenseitige Bejahung des Kurfürsten und des Prinzen, formal die Voraussetzung der Verbindung der Liebenden, erfordert, da der Gegenstand des Konflikts, das Vaterland, eine komische Lösung ausschließt, daß jeder von ihnen handeln muß, wie er handelt; zwar nicht, daß ihre Handlungen, die ihrerseits Begründung in der Liebeshandlung sind, weiter begründet werden, aber daß wir sie, sittlich urteilend, als notwendig und richtig fühlen. So findet sich der Widerspruch im „Prinz von Homburg": das Stück, dem Motiv nach Lustspiel, kann, weil durch die Gefährdung der Existenz des Vaterlandes begründet wird, nicht Lustspiel sein; und es kann, obwohl der innere Gegenstand eine tragische Gestaltung (oder deren Auflösung in einer höheren Wirklichkeit) fordert, dennoch keine tragische Wirkung ausüben, weil, indem nicht notwendig begründet wird und das Stück auf den Prinzen gebaut wird, der Bau doch der des Lustspiels blieb.

Kleist hat, als er den „Homburg" dichtete, vom inneren Vorgang im Prinzen aus gefühlt. So konnte er glauben, vor seiner Wandlung dürfe der Prinz zufällig, erst nach ihr müsse er notwendig handeln. So war ihm ferner der Kurfürst, als Gestalt an sich selbst, unwichtig, und er

---

[13]) Weil das Drama ein Lustspielmotiv enthalte, obwohl es von Kleist tragisch gemeint sei, beurteilt Paul Ernst, der als Dichter und Handwerker an ihn herangeht, den „Homburg" einseitig negativ (Zusammenbruch des deutschen Idealismus, S. 309ff). Paul Ernst hat, als Künstler, Recht. Doch hindert dies nicht, nach dem Fühlen und Wollen Kleists, auch wenn es noch nicht die gemäße Form gefunden hat, zu forschen; denn auch die mißlungenste Gestaltung kann ein tiefes, wichtiges, ja großes Erleben und Wollen enthalten, allerdings nicht als Form und schlechthin gültig, sondern als noch zu lösende Aufgabe.

konnte ihn willkürlich handeln lassen. Im „Homburg“ sind drei Monologe — I, 6; IV, 3; V, 10 —; alle spricht der Prinz. Ferner, man hat gefunden, nicht nur Homburg, auch der Kurfürst durchlebe eine Entwicklung, aber alles, das im Kurfürsten vorgeht, ist wichtig ausschließlich für den Prinzen, und nichts geschieht im Prinzen, aus dem ein innerer Vorgang im Kurfürsten folgt. Drittens, am stärksten wirkte bei der Aufführung des Dramas die Kerkerszene Homburgs mit Natalie; aber durchaus nicht, weil in der Brust des Jünglings, der zu sich selber findet, das Vaterland erwacht, sondern einfach als Liebeshandlung: man fürchtet, daß die Liebenden getrennt werden könnten, und atmet mit Natalies Kuß:

„Und bohrten gleich zwölf Kugeln
Dich jetzt in Staub, nicht halten könnt ich mich,
Und jauchzt und weint und spräche: du gefällst mir!“ (V, S. 91)

erleichtert auf. Hätte Kleist außer im Prinzen auch im Kurfürsten gefühlt, so hätte er das Todesurteil begründen müssen, dann hätte auch der Ungehorsam begründet werden müssen, und so hätte dann die Lösung folgen können: beide haben Recht und die Wahrheiten beider widersprechen sich, aber in dem Höheren, dem Vaterland, werden sie eins. Kleist dichtet nicht den Kurfürsten, der den Prinzen, den er liebt, zum Tod verurteilen muß, er dichtet den Prinzen, der, nachdem Natalie ihm den Kranz aufsetzte und die Kette umlegte, in Ohnmacht fällt und erwachend spricht: „Nein, sagt! Ist es ein Traum?“ (V, S. 116). Aber wie soll nun das Vaterland rettend Wirklichkeit werden, als heile Beziehung zwischen dem Kurfürsten und Homburg? Wie auf den „Guiskard“ der Zusammenbruch in Mainz und auf die „Hermannsschlacht“ die Krankheit in Prag folgte, folgt auf den „Homburg“, der in der Zeit der tiefsten Erniedrigung Deutschlands entstand, die völlige Verzweiflung, Kleists Tod: er hat, von seinem Volk im Stich gelassen, aus eigner Kraft die Lösung nicht mehr gefunden[14]).

Das Anliegen dieses Kapitels, in dem mehr oder weniger locker Interpretationen aneinander gereiht wurden, war, die erregende Identität vom geistigen Gehalt, Erleben und Schicksal des Dichters einerseits, der Form, der gelungenen wie der verfehlten, andrerseits sichtbar zu machen. Zu zeigen, wie das Leben, das der Dichter zwischen den Menschen leben mußte, die Aufgabe war, die er mit den Mitteln seiner Kunst

---

[14]) In der leichteren Form der Novelle und auf einer anderen Ebene, im Privaten, in der Liebe, nämlich im „Zweikampf“, ist die Lösung, wie oben gezeigt wurde, richtig. Der Schluß des „Kohlhaas“, der gerichtliche Ausgleich, durch den das Recht in der Welt wieder hergestellt wird, gehört ebenfalls in diese letzte Periode.

zu lösen hatte; wie seine Werke jeweils auf einer Stufe des Erlebens eine bestimmte, in sich folgerichtige und notwendige Reihe bilden, die, an der Grenze des durch das Erleben Möglichen, zu einem Ziel führt, nach dem nicht mehr eine weitere Gestaltung, sondern nur ein neues Erleben auf einer neuen Ebene folgen kann; wie aus der gelungenen Lösung Glück („Amphitryon" nach dem „Erdbeben"), aus der falschen Lösung Verzweiflung (nach „Amphitryon" „Penthesilea", die Zusammenbrüche in Mainz nach dem „Guiskard" und in Prag nach der „Hermannsschlacht") entsteht; und wie die Aufgabe, heile Beziehungen zu schaffen, gelöst wird durch die formale Vereinigung der Teile nach künstlerischen Gesetzen. Und vielleicht ist ein wenig fühlbar geworden, wie sich im Werk Kleists, des Dichters, Schicksal seines Volkes entschied.

IV. Kapitel

DIE BILDER

Kleist hat einige Bilder gebraucht, die sich auch als Strukturschemata deuten lassen: das Gewölbebild, die Marionette, und die kurze Bearbeitung des Arnim-Brentanoschen Aufsatzes über die Seelandschaft C. D. Friedrichs. Das Ziel der vorliegenden Arbeit war, nicht das, was Kleist sagt, fühlt, denkt, will, einen geistesgeschichtlichen und philosophischen Gehalt, der dichterisch sinnlich gestaltet wurde, aber auch anders hätte dargestellt werden können, aus einigen oder auch allen Zeugnissen, die er zurückgelassen, herauszuheben, sondern seine Gedichte als aus Teilen gefügte Einheiten, sowohl einzeln als auch im Zusammenhang der Reihenfolge, wie sie entstanden sind, in den Blick zu bekommen. Denn wir gingen von der Voraussetzung aus, daß die Leistung des Dichters, den wir vor allem als Künstler und dessen Gedichte als Kunstwerke ansehen wollten, die Form ist, die er geschaffen hat, das heißt, wir fragten, was in seinen Gedichten wie aufeinander bezogen wird. Die Bilder, die im folgenden ganz kurz betrachtet werden sollen, zeigen noch einmal, gleichsam sinnbildlich, Kleists Fügweise. Wir werden, um sie zu verstehen, sie nur sehr wörtlich auffassen müssen. Daß diese Bilder, die eigentlich Strukturen ausdrücken, von den Kleistforschern auch als Ausdruck des Lebens- und Grundgefühls Kleists, des Inhalts, der er gibt, begriffen wurden, beweist noch einmal, daß die Aussage eines Dichters, sein Gefühl, im Grunde Form ist.

1. Das Gewölbe

„Da ging ich, in mich gekehrt, durch das gewölbte Tor, sinnend zurück in die Stadt. Warum, dachte ich, sinkt wohl das Gewölbe nicht ein, da es doch keine Stütze hat? Es steht, antwortete ich, weil alle Steine auf einmal einstürzen wollen — und ich zog aus diesem Gedanken einen unbeschreiblich erquickenden Trost, der mir bis zu dem entscheidenden Augenblicke immer mit der Hoffnung zur Seite stand, daß auch ich mich halten würde, wenn alles mich sinken läßt."

(an Wilhelmine am 16. 11. 1800)

„Sinke nicht,
Und wenn der ganze Orkus auf dich drückte!
Steh, stehe fest, wie das Gewölbe steht,
Weil seiner Blöcke jeder stürzen will!
Beut deine Scheitel, einem Schlußstein gleich,
Der Götter Blitzen dar, und rufe: trefft!
Und laß dich bis zum Fuß herab zerspalten,
Nicht aber wanke in dir selber mehr,

solang ein Atem Mörtel und Gestein,
In dieser jungen Brust, zusammenhält."
(Prothoe zu Penthesilea, V. 1346—55, IV, S. 66)

Man kann das Bild vom Gewölbe, das nicht einstürzt, physikalisch, psychologisch und strukturell (seelisch) deuten.

Kleist hat es einerseits gewiß psychologisch verstanden: er ging, niedergedrückt — „mir war, als ob mein Glück unterginge. Ich schauerte, wenn ich dachte, daß ich vielleicht von allem scheiden müßte, von allem, was mir teuer ist" — zurück in die Stadt, erblickte das Tor, und zog daraus einen „unbeschreiblich erquickenden Trost". Ebenso dürfen die physikalischen Gesetze nicht ausgeschlossen werden, obwohl Kleist, als er die Steine sah, die alle zugleich stürzen wollen und eben deswegen nicht stürzen, sicher nicht an eine physikalische Erklärung des Phänomens gedacht hat. Die eine Deutung zeigt die physikalische Voraussetzung, die andere die psychologische Wirkung; doch inwiefern auf diese Voraussetzung diese Wirkung folgt, bleibt noch offen.

Die strukturelle Deutung meint den einen, mittleren Satz: weil alle Steine auf einmal einstürzen wollen. Wir müssen uns nur vergegenwärtigen, was Kleist gesehen hatte. Da sind viele Steine. Und da ist das Gewölbe. Die Steine bilden das Gewölbe. Das Gewölbe besteht aus den Steinen. Eigentlich darf man nicht sagen, daß Steine und das Gewölbe sind; denn wirklich sind ja nur die Steine. Aber Kleist sieht auch das Gewölbe. Das Gewölbe ist aber nichts weiter, als eine besondere Anordnung der Steine. Es ist eine Form. Es entsteht dadurch, daß alle Steine auf einmal einstürzen wollen. Stürzen, einstürzen bedeutet für Kleist Vernichtung, Tod. Doch dadurch, daß alle Steine auf einmal einstürzen wollen, stürzen sie nicht, es entsteht das Gewölbe, das Form ist und das die Möglichkeit zu leben bedeutet.

Die Steine, die einstürzen wollen, und das Gewölbe, das steht, werden von Kleist selbst als Gleichnis gedeutet. Die Steine entsprechen dem Schicksal: „wenn alles mich sinken läßt" und „wenn der ganze Orkus auf dich drückte", und Schicksal sind bei Kleist die Beziehungen, in denen der Mensch leben muß; man denke daran, wie Kleist in Würzburg zwischen dem Gefühl eines gänzlichen Glücks und der Furcht, alles zu verlieren, hin und her gerissen schwankte, und wie für Penthesilea in jener 9. Szene — „mein Alles hab ich an den Wurf gesetzt . . . begreifen muß ichs — — und daß ich verlor" — alles zusammenbrach. Und das Gewölbe entspricht dem Ich: „daß ich mich halten würde" und „nicht aber wanke in dir selber mehr". Nun müssen wir uns einiger Beobachtungen, die wir an den Gedichten machen konnten, erinnern. So etwa, daß die Einheit der Prosasätze, in der ein transzendentes Geschehen fühlbar wird, auf der Anordnung der Glieder, die in keiner unmittelbaren, sachlichen Beziehung zueinander stehen, beruht, besonders daß die Sätze, die auf „dergestalt, daß“ gebaut sind, eine Entscheidung, eine sittliche Tat der Seele ausdrücken. Ferner, daß Kleists Gedichte wirklich im Zuschauer, Hörer oder Leser den Eindruck erzeugen, daß alles stürzend der Katastrophe entgegeneilt, und daß dennoch in diesem allgemeinen Stürzen ein Halt ist, welcher der Sache nach nicht zu begreifen ist und dennoch gefühlt wird. Und dann vor allem, daß Penthesilea sie selber ist, Ich ist und frei wird, indem sie ihr Schicksal, in gestörten Beziehungen zu existieren, bis in den Tod erfüllt; wir fanden, Sein ist Form.

Im Gewölbe erblickte Kleist gleichnishaft die tragische Lösung, in einer bestimmten Anordnung von Teilen, einer Struktur, eine jenseitige rettende Wirklichkeit. Daß diese das Ich ist, das in Freiheit, sein Schicksal bejahend, den Tod auf sich nimmt, wußte er im November 1800 allerdings noch nicht, sondern erst in der zweiten Periode seiner Dichtung („Erdbeben“ → „Amphitryon“ → „Penthesilea“): „Beut deine Scheitel ... der Götter Blitzen dar, und rufe: trefft!“

2. *Die Marionette*

Wir wollen alles Spekulative, Geschichtsphilosophische — den doppelten Sündenfall — beiseite lassen und nichts als das, was über eine bestimmte Struktur gesagt wird, betrachten.

> „Er antwortete, daß ich mir nicht vorstellen müsse, als ob jedes Glied einzeln, während der verschiedenen Momente des Tanzes, von dem Maschinisten gestellt und gezogen würde.
> Jede Bewegung, sagte er, hätte einen Schwerpunkt; es wäre genug, diesen, in dem Innern der Figur, zu regieren; die Glieder, welche nichts als Pendel wären, folgten, ohne irgendein Zutun, auf mechanische Weise von selbst.
> Er setzte hinzu, daß die Bewegung sehr einfach wäre, daß jedesmal, wenn der Schwerpunkt in einer geraden Linie bewegt werde, die Glieder schon Kurven beschrieben ...
> Die Linie, die der Schwerpunkt zu beschreiben hat, wäre zwar sehr einfach ... Dagegen wäre diese Linie wieder, von einer andern Seite, etwas sehr Geheimnisvolles. Denn sie wäre nichts anders, als der Weg der Seele des Tänzers; und er zweifle, daß sie anders gefunden werden könne, als dadurch, daß sich der Machinist in den Schwerpunkt der Marionette versetzt, d. h., mit anderen Worten, tanzt.“ (VII, S. 40f)

Wieder zieht Kleist aus dem Bild psychologische Folgerungen. Und wieder, wenn wir daran denken, wie immer Erleben und Inhalt selbst Form ist, ist das Wichtige das Strukturelle, das Verhältnis der Teile. Denn wenn (vgl. „Penthesilea“ u. a.) der Mensch in gewissen Beziehungen existiert, wenn er ferner er selber ist dadurch, daß Verschiedenes in bestimmter Weise aufeinander bezogen wird, dann ist das Mit-sich-eins-sein, das die Marionette andeuten soll, wieder nichts anderes als ein Formverhältnis, eine bestimmte Beziehung zwischen dem Menschen und seinem Schicksal.

Der Weg des Schwerpunkts der Bewegung ist der Weg der Seele. Die Glieder sind tote Pendel. Doch was ist das eigentlich: Schwerpunkt der Bewegung? Man sieht doch nur die Glieder, die von selbst auf mechanische Weise folgen. Außer den Gliedern bewegt sich nichts. Das Ganze, die Marionette, bewegt sich, aber die Marionette selbst besteht eben aus den Gliedern; es gibt sie ohne diese so wenig wie das Gewölbe ohne die Steine. Was also bewegt sich? Im Grunde nur die Glieder, die tote Pendel sind. Aber nun, indem sich die Glieder, jedes für sich, als Pendel, bewegen, entsteht, „wie zur Hyperbel die Ässymptote", eine an sich nicht greifbare Bewegung von etwas ebenfalls an sich nicht Greifbarem, das Kleist „Seele" nennt. Man muß also die „Seele" in einer bestimmten Ordnung mehrerer, unabhängig von einander sich auf bestimmte Weise, nämlich zu einer gemeinsamen Mitte, verhaltender Glieder als Bewegung fühlen.

Kleists Gedichte sind nun Gefüge eben dieser Art. Hatte das Bild vom Gewölbe die Struktur, insofern sie tragisch ist, erkennen lassen, so zeigt das Bild der Marionette, wie die Teile ein Ganzes bilden. Man möge sich dessen, was wir im Gang der Untersuchung Bewegung nannten, ferner dessen, was als Spontaneität bezeichnet wurde, erinnern.

3. „Empfindungen vor Friedrichs Seelandschaft"

Ob die Skizze ironisch verstanden werden soll, wird schwer zu beurteilen sein. Doch würde das eine starke innere Anteilnahme Kleists nicht ausschließen, denn er hat auch über seine „Penthesilea", den „Guiskard" und die „Marquise" ironische Epigramme gemacht. Es handelt sich um das Verhältnis des Kunstwerks zum Menschen, der es in sich aufnimmt. Was Kleist über seine Empfindungen — der „Geist ist sein"; siehe die „Erklärung" — vor Friedrichs Bild schreibt, trifft in erstaunlicher Weise für sein eigenes, dichterisches Werk zu.

„Herrlich ist es, in einer unendlichen Einsamkeit am Meeresufer, unter trübem Himmel, auf eine unbegrenzte Wasserwüste hinauszuschauen. Dazu gehört gleichwohl, daß man dahin gegangen sei, daß man zurück muß, daß man hinüber möchte, daß man es nicht kann, daß man alles zum Leben vermißt, und die Stimme des Lebens im Rauschen der Flut, im Wehen der Luft, im Ziehen der Wolken, dem einsamen Geschrei der Vögel, vernimmt. Dazu gehört ein Anspruch, den das Herz macht, und ein Abbruch, um mich so auszudrücken, den einem die Natur tut. Dies aber ist vor dem Bilde unmöglich, und das, was ich in dem Bilde selbst finden sollte, fand ich erst zwischen mir und dem Bilde,

nämlich einen Anspruch, den mein Herz an das Bild machte, und einen Abbruch, den mir das Bild tat; und so ward ich selbst der Kapuziner, das Bild ward die Düne, das aber, wohinaus ich mit Sehnsucht blicken sollte, die See fehlte ganz."
(VII, S. 198)

Der Zuschauer, Hörer oder Leser, wie wir fanden, hier der Betrachter des Bildes, sieht das Werk, das er in sich aufnimmt, nicht als ein in sich Geschlossenes, in sich selber Ruhendes, außer sich, sondern, wie man, weil aus dem Ich begründet wird, in Penthesilea, Kohlhaas usf. fühlt, so daß nicht ein Abstand das Gedicht vom Zuschauer oder Leser trennt, so fühlt sich Kleist hier selbst hineinbezogen in das Bild C. D. Friedrichs. Was er in dem Bild erwartete, ereignet sich zwischen dem Bild und ihm.

„Nichts kann trauriger und unbehaglicher sein, als diese Stellung in der Welt: der einzige Lebensfunke im weiten Reiche des Todes, der einsame Mittelpunkt im einsamen Kreis."

Friedrichs Gemälde scheint auf Kleist vor allem stofflich, als Inhalt und bloße Empfindung, zu wirken. In seiner Dichtung, in welcher doch auch der Mensch als „einsamer Mittelpunkt" im „weiten Reiche des Todes" steht, schafft er Form, und Form ist Möglichkeit zu leben. Aber als Betrachter des Bildes, nicht als Dichter, sondern einfach als Mensch, entgeht ihm, entweder, die ihm fremde Form des Malers, oder, was wir aber nicht zu untersuchen haben, Friedrich hat mit seinem Bild — er wäre dann wirklich Romantiker — bloße Empfindung gegeben.

„Das Bild liegt, mit seinen zwei oder drei geheimnisvollen Gegenständen, wie die Apokalypse da, als ob es Youngs Nachtgedanken hätte, und da es, in seiner Einförmigkeit und Uferlosigkeit, nichts, als den Rahm, zum Vordergrund hat, so ist es, wenn man es betrachtet, als ob einem die Augenlider weggeschnitten wären."

Das heißt: das Bild ist, als Form, offen. Wie die Gefüge, die Kleist bildet, offen sind, indem jedes, spontan, vor dem Tod, dem Schicksal steht, so sieht er, „als wären die Augenlider weggeschnitten", das Bild als ein in sich offenes, das „nichts als den Rahm zum Vordergrund hat", denn „er ward selbst der Kapuziner", und empfindet es „wie die Apokalyse".

„. . . und ich bin überzeugt, daß sich, mit seinem Geiste, eine Quadratmeile märkischen Sandes darstellen ließe, mit einem Berberitzenstrauch, worauf sich eine Krähe einsam plustert, und das dies Bild eine wahrhaft Ossiansche oder Kosegartensche Wirkung tun müßte. Ja, wenn man diese Landschaft, mit ihrer eigenen Kreide und mit ihrem eigenen Wasser malte; so glaub ich, man könnte die Füchse und Wölfe damit zum Heulen bringen . . ."

Ein unmittelbar fühlender und wenig reflektierender Mensch beginnt gewöhnlich mit dem, was er als wirklich fühlt und was ihm wichtig ist, seine Sätze. Er wird deswegen meistens, auch wenn er ein guter Erzähler ist, nur unbeholfen zu schreiben vermögen. Dagegen derjenige, der alles denkend in sich zu verarbeiten pflegt, wird Sätze bilden, in denen der Gegenstand, über den er spricht oder schreibt, an die ihm logisch zukommende Stelle gerückt ist. Der eine wird sagen: schön war das; der andere: es war schön; oder: erlebt haben wir viel; und: wir haben viel erlebt. Der eine spricht unmittelbar aus der Empfindung, der andere stellt zwischen sich und dem, wovon er redet, einen Abstand her. Nun steht in den Gefügen Kleists zwar nicht immer das, was als wirklich und wichtig empfunden werden soll, am Anfang (vgl. übrigens S. 24f), sondern zum größeren Teil an anderen markanten Punkten (vgl. auch S. 88f zur wörtlichen Rede), doch bilden auch diese Punkte Gefüge, die nicht, in sich geschlossen, dem Zuschauer, Hörer oder Leser gegenüber stehen, sondern, indem dieser eigentümlich einbezogen wird, von innen, unmittelbar und ohne Abstand gefühlt werden. „Wenn man diese Landschaft — es gibt von Friedrich Bilder, auf denen nichts außer einigen Ackerfurchen, ein paar Bäumen und Krähen darauf zu sehen ist — mit ihrer eigenen Kreide und ihrem eigenen Wasser malte ...“: das ist, nur überspitzt formuliert, was auch in Kleists Dichtung gefunden wird. Die dargestellten Gegenstände wirken unmittelbar durch ihre eigene Wirklichkeit, nicht, wie sonst in der Kunst, als Glieder einer besonderen Ordnung, die der Betrachter bewußt in sich aufnimmt. Damit ergibt sich, wenn eine Landschaft, „mit ihrer eigenen Kreide und ihrem eigenen Wasser gemalt“, überhaupt gefügte Form sein soll, daß diese, die Ordnung, die der Künstler zu schaffen hat, nur „zwischen“ dem Betrachter und dem Bild liegen kann. Wir nannten, weil der Abstand zwischen dem Menschen und dem Werk, das er in sich aufnimmt, aufgehoben ist, diese Eigentümlichkeit der Fügung Subjektivität.

Außer diesen „Bildern“ gibt es noch andere theoretische Äußerungen Kleists, die nicht uninteressant wären, etwa die Aufsätze „Über die allmähliche Verfertigung der Gedanken beim Reden“, „Allerneuester Erziehungsplan“, „Von der Überlegung“ und „Brief eines Dichters an einen andern“. Doch wollen wir sie, da sie über Kleists Weise, Einheiten zu schaffen, nichts wesentlich Neues bringen, hier nicht betrachten.

ANHANG

GOETHE—KLEIST

Unter diesem Titel folgen hier einige Bemerkungen, die weder eine besondere Theorie über das Verhältnis der beiden Dichter zu einander und zu den Aufgaben ihrer und unserer Zeit aufstellen noch sonst einen eignen wissenschaftlichen Wert beanspruchen. Doch scheint eine Arbeit, die zum Kern des einen vorzudringen sucht, am andern, der, zumal in dem Punkt, der uns am Herzen lag, gewissermaßen als anderer Pol angesehen werden kann, nicht einfach vorübergehen zu dürfen.

Als besonders wichtig ist uns in Kleists Dichtung etwas erschienen, das wir Werden nannten. Die Einheit — zunächst des Satzes, dann des ganzen Gedichts, endlich als etwas wie ein Inhalt bewußt: Seele, Ich — war nicht substanziell, der Sache nach, greifbar, sondern wurde nur als Beziehung zwischen den Teilen (Penthesilea existierte in den Beziehungen zu Achill und zu den Amazonen) und andrerseits zwischen Gefangenschaft und Freiheit, als ein Jenseitiges, fühlbar. Solange man Goethe klassizistisch — man nannte ihn Klassiker, redete von Humanität, Bildung, Antike, Maß und anderem — auffaßte, beachtete man seine naturwissenschaftlichen Arbeiten nur wenig. Als man ihn auch anders als idealistisch und klassizistisch zu verstehen begann, rückten diese dem Dichter selbst unerhört wichtigen Schriften immer mehr in die Mitte der deutenden Forschung. Die wichtigsten Begriffe sind Gestalt und Entwicklung. Goethes Gespräch mit Schiller, in welchem er ihm seine Gedanken über die Urpflanze entwickelte, ist bekannt; Schiller nannte, was Goethe „schaute", mit „Augen zu sehen" meinte, eine „Idee". Der Gedanke ist, daß sich nach bestimmten Prinzipien — Polarität und Steigerung — ein Lebendiges werdend gestaltet. Goethe glaubte dies Werdende zu „sehen"; Schiller sah, daß es, ob Goethe es auch als wirklich fühlte und schaute, kein Wirkliches im empirischen Sinn war, sondern eine Wirklichkeit anderer Art, zu der er Idee sagte. Das Werdende ist ein organisches Wesen, das Ziel des Werdens die voll ausgebildete Gestalt. Das Werden ist wesentlich in der Zeit, wenn auch Zeit dabei, indem die Dimension Leben hineingenommen wird, mehr als bloß physikalisch Zeit ist.

Aus der unterschiedlichen Bedeutung, die Werden bei Goethe und bei Kleist hat, entspringt eine verschiedene Haltung zum Tod. Goethe muß der Tod Verneinung des Lebens und nur, nach den Prinzipien der Polarität und Steigerung, als Gegenteil, wie ohne Dunkelheit keine

Helle ist, bloß bedingt notwendig, um des Lebens willen, scheinen. Für Kleist dagegen ist der Tod schlechthin Bedingung des Seins, um das es ihm zu tun ist: des Seins außer der Zeit.

Goethes Beziehung zur Wirklichkeit war, stark vereinfachend ausgedrückt, die eines fruchtbaren Tuns: des Künstlers zum Werk, des Schöpfers (der Natur) zum Geschöpf, der Eltern (Mutter) zum Kind, des Baumes zur Frucht. Fricke meint, Goethes Beziehung zur Wirklichkeit wäre nicht absolut konkret und unbedingt, und so habe er, idealistisch, durch ein Ausweichen ins Reich intellegibler Freiheit, immer einen Ausweg aus der Not des Daseins gefunden, während Kleist rettungslos ans Sein in der gebrechlichen Welt gebunden gewesen sei. Hier ist nicht der Ort, Goethes Beziehung zur Wirklichkeit zu untersuchen; nur das wollen wir, als bloße Andeutung, festhalten, daß eben auch die Beziehung des Schaffenden zum Geschöpf eine absolut konkrete und unbedingte ist, die zwar nicht bewußt sein muß (Freiheit des Idealismus setzt das Vermögen zu denken voraus), aber natürlich bewußt sein kann. Wieder ist die unterschiedliche Haltung zur Zeit wesentlich: schöpferisches Wirken ist in, Existieren bei Kleist außer der Zeit.

So sind auch die Formen menschlicher Gemeinschaft, um die sich Goethe und Kleist mühten, verschieden. Freiheit war bei Kleist vor dem Schicksal, im Tod; Penthesilea wurde frei von Achill, Friedrich und Littegarde wurden frei in einander, jeweils in der Vernichtung ihrer irdischen Existenz. Kleist meint, wenn er „Tun" über das Denken stellt, doch nicht ein wirkliches Tun zu einem Werk hin, sondern Sein, und dieses jenseitig verstanden: Glauben:[1]) Dagegen ist Freiheit bei Goethe Freiheit zu etwas, nämlich zum schöpferischen Wirken, zum Werk. So setzt Goethe einiges, das an das Wesen der die Gemeinschaft bildenden Individuen selbst gebunden ist, voraus. Nur die haben Gemeinschaft — sie ist immer der freie Zusammenschluß von Individuen, die dasselbe wollen, am selben Werk schaffen —, die ihre Anlagen und andere

---

[1]) Hölderlin, der in vielem so anders ist, hatte dieselbe Haltung zu Schicksal, Tod, Freiheit, Glaube; so „Patmos" 176f: „. . . denn sie (des Himmels Herrn) nicht walten, es waltet aber / Unsterblicher Schicksal und es wandelt ihr Werk / von selbst und eilend geht es zu Ende." (vgl. „Empedokles") — und zum Vaterland (vgl. Kleist: Germania, Hölderlin: Germanien) „Germanien" 49f:

„Die Priesterin . . .
. . . die offenen Auges schaute,
Als wüßte sie es nicht, jüngst da ein Sturm
Todtdrohend über ihrem Haupt ertönte . . .
Und endlich ward ein Stauen weit im Himmel,
Weil eines groß im Glauben, wie sie selbst,
die seegnende, die Macht der Höhe sei."

Bedingungen zu einem gemeinsamen fruchtbaren Tun befähigen. Wohl gibt es für Goethe, von Leibniz und Herder her, die Gemeinschaft des Volkes, die organisch gewachsene, deren Teile, wie die Zellen eines organischen Gewächses, einer Pflanze, eine Einheit bilden. Aber die bewußte Gemeinschaft, wie Goethe sie für sein Volk und die Menschheit geschaffen hat, die schöpferische, vereinigt immer nur wenige, nie ein ganzes Volk mit allen schöpferischen und unschöpferischen, klugen und törichten, alten und jungen, guten und bösen Menschen. Kleists Gemeinschaft aber erfaßt alle Menschen, die, ob sie wollen oder nicht, aneinandergekettet sind, weil sie unter dem gleichen Schicksal stehen, die großen und kleinen, alten und jungen, klugen und dummen, schöpferischen und unschöpferischen, alle, die als Nation das gleiche Schicksal erleiden.

Ein weiterer bedeutender Unterschied zwischen beiden Dichtern ist folgender. Wenn Kleist von der gebrechlichen Einrichtung der Welt spricht oder im „Kohlhaas" vom Recht oder von einer unnatürlichen Ordnung in der „Penthesilea" oder dem Bösen in der „Hermannsschlacht", so geht es ihm dabei nie um die Ordnung in der Welt als solche, sondern immer um die, mit der richtigen oder falschen Ordnung in der Welt gegebenen, heilen oder gestörten Beziehungen, in denen die Menschen leben müssen. Oft stimmen in Kleists Gedichten die sittlichen Verhältnisse nicht. Entweder werden Gestalten, die nicht zu einander gehören, dennoch verbunden, wie die Marquise mit dem Grafen oder, mit dem Kuß, Penthesilea mit Achill; oder die Gestalten erleiden Bedeutsamstes — Ich-sein, Freiheit, Glauben — in Konflikten, die diesen letzten Werten im menschlichen Leben nicht angemessen sind — die Marquise in ihrer unmöglichen Lage, Kohlhaas, der wegen eines alltäglichen Rechtsbruchs zum Schrecken eines ganzen Landes wird, Penthesilea, die liebende Amazone, Homburg, der wegen des gemeinen Unvermögens, sich zu beherrschen, sterben soll —; das zwiespältige Gefühl, das Kleists Gedichte im Zuschauer, Hörer oder Leser erzeugen, der sich im Innersten bewegt und zugleich in falsche Zusammenhänge gesetzt fühlt, läßt sich hierauf zurückführen. Wer Goethes Bestreben bloß, insofern es als Inhalt erscheint, versteht, wird leicht Maß, Harmonie, Ordnung, Sittlichkeit als Ausbildung zur möglichst vollkommenen Menschlichkeit verstehen. Aber wer auf das künstlerische Bestreben, insofern es auf die Form geht, achtet, wird sehen, wie Goethe vor allem richtige Verhältnisse zu schaffen, die ökonomischen (Ökonomie" nach Schiller) Bedingungen zu erfüllen, jedes an den Platz zu stellen, der ihm gebührt, die Proportionen der Teile zu einander gültig zu treffen sucht. Es scheint begreiflich, daß Goethe Kleist nicht verstanden hat ja ihn ablehnen mußte.

Wichtiger als die Unterschiede ist aber doch die Übereinstimmung: daß Sein von beiden als Werden erlebt wird; der Realismus, wenn wir so sagen dürfen; und daß das Ich in der Mitte steht — nicht zufällig gibt es von Goethe die Fülle autobiographischer Schriften.

Auf das persönlich-menschliche Verhältnis beider Dichter und ihre literatur- und geistesgeschichtliche Stellung braucht im Rahmen dieser Arbeit nicht näher eingegangen zu werden.

BEMERKUNGEN ZUR LITERATUR

1. Gerhard Fricke: *Gefühl und Schicksal bei Heinrich von Kleist.* Berlin 1929. Auf die Dissertation Frickes müssen wir deswegen eingehen, auch wenn kaum wirkliche Berührungspunkte vorhanden sind, weil sie einige für das Verständnis der inneren Entwicklung und Problematik Kleists grundlegende Begriffe, v. a. „Ich" und „Gefühl", herausarbeitet, und weil sie zweitens, innerhalb der wissenschaftlichen Kleistbetrachtung, eine Wende bedeutet. Fricke setzt bei den individuell persönlichen Äußerungen Kleists, den Briefen, an, die ihm, wie dann auch die dichterischen Werke, als Zeugnisse des Fühlens, Denkens, Wollens, v. a. des Fühlens, dienen. Er versucht, aus dem Leben und Schicksal des Dichters das Werk zu verstehen, den Weg zu finden „in das innerste Leben, in die tiefste fundamentale Problematik des Dichters, von der aus dann, in innigstem und unlöslichem Zusammenhang vielleicht plötzlich ein helles, überraschendes und beglückendes Licht auf sein Werk fällt" (S. 69). Damit nimmt der Betrachter einen Standort ein, der den grundlegenden Unterschied zwischen Dichtung und Nichtdichtung außer Acht läßt; dem Forscher sind die Grenzen gesteckt, und im wesentlichen beruhen auch unsere Einwände gegen Fricke auf dieser Wahl des Standortes.

Positiv zu beurteilen ist, im Ganzen gesehen, alles, worin Kleists Äußerungen ihrer Natur gemäß als direktes — in Briefen usw. — oder indirektes — in den Werken — Bekenntnis aufgefaßt werden; das heißt, wo Fricke aufzeigt, was Kleist fühlte und dachte, und dieses als in das Leben des Dichters eingefügte Äußerung begreift. Fragwürdig werden dagegen die Ergebnisse, wo über Kleist selbst und sein Werk als an den Dichter gebundene Aussage hinausgegangen wird, er und sein Werk als geistesgeschichtliches Phänomen in größere Zusammenhänge eingeordnet und gedeutet werden. Und deutlich falsch werden oft die einzelnen Gedichte, besonders einzelne Szenen und Abschnitte darin, interpretiert, nämlich wo die Meinung des Dichters, insofern sie subjektiv-individuell-zufällig erscheint, und das in sich ruhende Sein des Gedichts sich nicht decken. Das äußert sich in Sätzen wie etwa dem folgenden: „Die tiefste Verwirrung ihres (Penthesileas) Bewußtseins liegt nun darin, daß ihr unstillbarer Zorn sich fälschlich gegen Achill wendet, der doch nicht ahnen konnte, was in der Seele derer vorging, die ihn so heiß verfolgte. Was in Achills Verhalten, seiner Besiegung der Penthesilea, nur zur Wirkung kam, — das war das eigentlich Böse, der entscheidende Gegenspieler in der Tragödie: das heilige Gesetz der Tanais. Es machte den Staat zum Frevel an dem Menschen." (S. 110) Diese Interpretation ist aus Frickes Grundkonzeption begreiflich: daß dem Ich, der „ewigen, unbesieglichen Kraft" im Menschen, dieser „Wirklichkeit aller Wirklichkeiten", dessen Erlebnis die „letzte, heilige Offenbarung des verborgenen Sinnes der Welt" ist, ein Urböses, nämlich eine menschlich gesetzte, willkürliche, widernatürliche, widergöttliche Scheinordnung, entgegensteht. Sie setzt voraus, daß Kleist realiter eine derartige falsche, böse Scheinordnung als notwendig seinem Leben verbunden und, insofern sie es zu vernichten vermag, übergeordnet erlebt haben muß. Das ist aber, wie die Analyse, die auch die Struktur mit in den Blick nahm, zeigte, nicht richtig. Kleist fühlte nicht die Herrschaft einer falschen, sondern das Fehlen einer wahren Ordnung, die ihn trägt. Fricke ist von der erdichteten Logik, als wäre sie wirklich, abhängig. So tötet Penthesilea Achill aus einem Irrtum; aber nur innerhalb der gedichteten Causalreihe ist dieser Irrtum ein Zufall, wie Fricke ihn auffaßt, im Zusammenhang des ganzen Gedichts, wo auch die gedichtete Causalität nur ein Mittel ist, ist ihre Tat notwendig. In dieser Weise ist Fricke überall abhängig von der Causalität innerhalb des Gedichts; er zeigt auf, was Kleist unmittelbar aussagt, und wo, wie z. B. im „Zerbrochenen Krug" oder in der „Hermannsschlacht", die ausgesprochene Meinung des Dichters und sein Gedicht übereinstimmen, ist auch die Interpretation der Gedichte richtig, wo dagegen, wie im „Amphitryon" oder „Homburg", die ausgesprochene Meinung Kleists und das Werk als der unmittelbare Ausdruck seines Fühlens, Kämpfens und Vollbringens nicht übereinstimmen, geht die Interpretation fehl. Beispiele: „In der „Penthesilea" sind die Götter, die noch im „Amphitryon" verwirrend und lösend das Schicksal leiteten, geschwunden." (S. 102) „In der „Marquise" kündet sich Kleists Überwindung der Tragödie an." (S. 136) „Die 14. und die wundervolle 15. Szene" (in der „Penthesilea"), die (S. 114) „auf einem Abgrund in beglückender Schönheit erblühe", bilden „eine Ruhepause." (S. 113) Hier wäre auch Frickes Auffassung der Kantkrise zu nennen: „Kleist . . . überwand den Idealismus, indem er unfähig, ihn denkend widerlegen zu können, sich von ihm überwinden ließ." (S. 37) Kleist hat den Idealismus überhaupt nicht mehr lebendig gefühlt — wie hätte er ihn „überwinden" sollen?

So dürfen wir abschließend feststellen, daß Frickes Arbeit, neben dem Positiven, das sie unstreitig darbietet, doch in den Zusammenhängen, mit denen wir uns zu befassen hatten, entscheidenste Mängel aufweist.

2. Clemens Lugowski: *Wirklichkeit und Dichtung* Studien zur Wirklichkeitsauffassung H. v. Kleists. Frankfurt 1936.

Der Obertitel des Buches ist ein wenig irreführend, da es sich wirklich um Untersuchungen zur Wirklichkeitsauffassung Kleists, wie auch der Untertitel lautet, handelt und die Tatsache, daß Dichtwerke untersucht werden, doch recht vernachlässigt wird. Hieraus ergibt sich das Verhältnis zu der vorliegenden Arbeit.

Schon der Gebrauch einiger Begriffe macht das deutlich. S. 135 heißt es: „. . . Wirklichkeit nicht als Zusammensetzung von Ausschnitten, sondern als innere Form der Wirklichkeit . . ."; S. 165: „Er steigerte und verdichtete und gelangte damit zur Wirklichkeit als dem Wesen von Wirklichkeit. Man kann für ‚Wesen' auch ‚innere Form' sagen." S. 164: „Es geht nicht um ein isoliertes „Ich", das gegen ‚die' Wirklichkeit recht behält, sondern um ein wesentlich neues (und zugleich uraltes) Verhältnis zur Wirklichkeit und damit um eine andere Wirklichkeitsform . . . Nicht das ‚Ich' steht gegen, die 'Wirklichkeit, sondern zwei Wirklichkeitsformen stehen gegeneinander." S. 138: „Man kann schon im Bau der ersten vollendeten Dichtung Kleists, der „Familie Schroffenstein", ein bestimmtes Schema bemerken . . ." — Die zitierten Sätze handeln von Form, Bau, Wirklichkeit.

Lugowski fragt nach dem Wirklichkeitsgefühl, der Wirklichkeitsauffassung und dem Verhalten zur Wirklichkeit und unterscheidet grundsätzlich eine Haltung, die, v. a. durch die romanische Dichtung repräsentiert, zwischen Mensch und Wirklichkeit Distance herstelle und voraussetze und mittelbar durch Zusammensetzung möglichst vieler und dem Bezeichneten möglichst naher „Beobachtungen" eine möglichst wahrscheinliche, d. i. allgemeine und objektive Beschreibung des Gemeinten zu erreichen suche, wobei der objektiven, aber distanzierten und mittelbaren Erkenntnis der subjektiv isolierte Mensch entspreche; — und eine ganz andere Haltung, die in der germanischen Dichtung — und v. a. auch in der kleistischen — begegne: die „Wirklichkeit, die im Gefühl ergriffen wird", sei „weder objektiv noch subjektiv, sondern unmittelbar" (S. 149) — Das Verhalten zur Wirklichkeit ist natürlich eines der wichtigsten Momente im Dichtwerk, es bildet den Grund, den Boden, auf dem dieses steht, in unserer Terminologie, zunächst einmal die Aufgabe, vor die sich der Dichter gestellt sieht. Lugowski versteht nun unter Form teils die organischem Werden vergleichbare Gestaltung, die wir in der Anm. 4 S. 6 oben ausgegrenzt haben, die der Methode nach am besten morphologisch gefaßt wird, teils berührt auch er das, was wir Struktur nennen, obwohl das nicht ganz klar wird, weil er nicht zwischen den künstlerisch-technisch ganz verschieden zu erklärenden und zu bewertenden Bezügen zur Wirklichkeit unterscheidet, in denen der Mensch einerseits den Anspruch der Wirklichkeit erleidet, erlebt und fühlt, wir sagten, sie als Aufgabe lebt und erlebt, und andererseits sich zur Wirklichkeit verhält, also antwortet, z. B. indem er die tragische Lösung sucht und leistet. Lugowski macht ferner eine weitere Unterscheidung, die uns wichtig schien, nicht, indem er das Verhältnis der Gestalten und das des Dichters zur Wirklichkeit gleich behandelt. Die Erkenntnisse können, wenn zwischen dem Gefühl des Dichters und dem Gefühl seiner Gestalten nicht unterschieden wird, nur richtig sein, soweit sie das Gefühl und die Wirklichkeitsauffassung als Inhalt meinen. So muß hier die Grenze liegen, an der die Interpretationen Lugowskis, die, wo nach der Wirklichkeitsauffassung gefragt wird, überzeugen, unsicher und auch falsch werden: nämlich wo die Gedichte, wie bei Fricke, als absolute gültige Lösungen erklärt werden. Lugowski übersieht etwa, daß Alkmene und die Marquise wohl in ihrer Wirklichkeit gerettet und verherrlicht werden, aber eben nur sie als Bezüge fühlendes Ich, und nicht die Gefüge, in denen sie dargestellt werden, selbst, also nicht die Gedichte, die diese Gefüge sind, in dem ihnen und nur und gerade ihnen eigenen Sein als Gedicht Lösung und Rettung bringen. Auch die Lösung im „Zweikampf", daß Friedrich und Littegarde vor dem Tod, spontan, eins werden und dann ineinander frei sind, wird von Lugowski, der den Blick ganz auf das hier mittelbare, dort unmittelbare Verhältnis zur Wirklichkeit lenkt, übersehen. Diese Beispiele, die reichlich vermehrt werden könnten, zeigen, daß Lugowski das, was wir Bau nennen, nicht meint und demnach unter Form, Bau, innerer Form die formale Äußerung der Wirklichkeitsauffassung versteht.

Da auch Lugowski Kleist und Goethe — diesen nämlich als idealistischen Dichter mit mittelbarem Verhältnis zur Wirklichkeit! — nebeneinander stellt, noch hierzu eine kurze Anmerkung. Der zugrunde liegende Ausdruck Kleists ist „Tun", „tätig", „handeln". Lugowski stellt mit Recht diese Form des Seins bei Kleist als „unmittelbare" dem Raisonnieren als dem nicht unmittelbaren Verhalten zur Wirklichkeit gegenüber. Aber bei genauer Betrachtung zeigt sich, daß Kleist, weder in seinen Gedichten noch in anderen Äußerungen, ein Tun, das auf das Werk, das Ergebnis des Tuns zielt, meint, sondern das Tun an sich als Verhaltensweise des Menschen. Diese Unterscheidung mag, wo mit einem wirklich mittelbaren Verhalten zur Wirklichkeit verglichen wird, von geringer Bedeutung sein. Doch ist sie in diesem Fall wichtig, da Goethes Verhältnis zur Wirklichkeit nicht weniger unmittelbar ist als Kleists, nur daß der goethesche Mensch wirklich ein Tuender ist, zum Werk hin und um des Werkes willen, daß er also nicht ruhig betrachtet, sondern als der fruchtbar Lebende unmittelbar wirklichkeitsgebunden ist.

3. Emil Staiger: Kleists „*Bettelweib von Locarno*". DVS XX, 1942, S. 1ff.

Der Aufsatz endet: „Wir kommen zum Ergebnis: Was uns am „Bettelweib von Locarno" erschüttert, ist die unerbittlich durchgeführte dramatische Form an sich ... Die reine Form allein bezwingt uns, derart, daß wir übernehmen, was ursprünglicher ist als alle Gegenstände der Erfahrung, nämlich die Struktur der Einbildungskraft, die a priori jeden möglichen Gegenstand bestimmt. Und damit sind wir Kleist so sehr verfallen, daß uns nur ein Ruck aus der Umschlingung noch befreit und uns erlöst von einer Weise, Mensch zu sein, von deren Tödlichkeit des Dichters Ende zeugt." (S. 16).

Die Sätze bezeichnen genau Anliegen und Ergebnis der Untersuchung. Eine Anzahl auffallender und bedeutender Eigentümlichkeiten der kleistischen Erzählweise werden gesehen und beschrieben, dazu bemerkt, daß diese Eigentümlichkeiten mit der Tatsache, daß Kleist Dramatiker ist, zusammenhängen, ferner — das ist das Wichtigste — erkannt, daß die Wirkung, die die Erzählung ausübt, eine Wirkung der Form ist, und damit an die eigentliche Dimension der Dichtung, ihr Sein als Struktur (und zwar ganz richtig als Struktur a priori) geführt, — zuletzt aber doch die Struktur nicht als solche gefühlt und deshalb mißverstanden. Nur deswegen kann sie negativ als Umschlingung, von der man sich befreien müsse, verstanden werden. Denn Struktur (oft allerdings auch einfach Form gemannt) im Sinne des Künstlers ist ja schon Überwindung und Möglichkeit zu leben.

Zunächst betrachtet Staiger die Fügung der Sätze. Er stellt fest, daß Kleist sich „in überschwänglicher Weise der Hypotaxe bediene" (S. 5). Es ergebe sich dann „eine Prosa, die bis ins Letzte gegliedert, deren Teile mit schärfster Logik gefügt und aufeinander bezogen sind" (S. 5). Das Prädikat des Hauptsatzes erscheine „oft ziemlich blaß und belanglos", es werde nicht gefragt: „Was geschieht jetzt? sondern: Wenn das geschieht, was tut oder fühlt einer dann?" (S. 5). Alle Einzelheiten verlören ihre Selbständigkeit und lösten sich in finale oder konsekutive Funktionen auf (S. 5 f). Dann greift er weiter. Die Unselbständigkeit der Teile behaupte sich auch in der Auswahl und Beleuchtung des Gegenständlichen, nichts gälte an sich, der Leser finde sich nirgends gefesselt, aber stets aufs höchste gespannt (S. 9). Kleist gebe kein „Bild", sondern er nehme „den Tatbestand auf, soweit er für das Folgende wesentlich wird" (S. 8). Auch auf das Erzähltempo wird hingewiesen. Die Beobachtungen überzeugen.

Nun stellt Staiger der Hypotaxe Kleists — das Ziel sei die „totale Funktionalität" (S. 14), alles in einen Satz zu pressen — die epische Parataxe, „wo die Teile kaum bezogen, sondern nur aneinandergereiht sind" (S. 14) gegenüber — und interpretiert nun allerdings beide Weisen der Fügung ungenügend, weil er das Gefüge (Struktur) nicht als Aufgabe und Antwort auf diese Aufgabe zugleich auffaßt. (Er nennt auch das epische Gedicht „naiv" (S. 11); vgl. Hölderlin (Propyläen-Ausgabe III, S. 267): „das epische, dem Schein nach naive Gedicht . . .") Er sagt: in der epischen Parataxe könne und dürfe das Frühere später in Vergessenheit geraten, während der Dramatiker die Dinge in dem weitgespannten Rahmen seines hypotaktischen „Satzgefüges" zusammen halte und damit erst „die Entdeckung des Unvereinbaren angebahnt" sei (S. 14), das Drama „beschwöre die Tragödie" (S. 15). Er unterscheidet also nicht zwischen der dramatisch-tragischen Grundhaltung, aus der dem tragischen Dichter die Aufgabe, die ihm und gerade ihm aufgetragene, zuwächst, und der Leistung des Dichters, dem künstlich geschaffenen Gefüge, das die Antwort auf die Aufgabe ist. So erkennt er: Der Dramatiker setzt von vornherein sich selbst als Anspruch, als Erwartung eines Zusammenhangs (S. 15), meint aber einige Sätze vorher, „die Auffassung des Lebens, die wir ‚dramatisch' nennen, sei ein gefährliches Experiment, das jederzeit tragisch enden könne", begreift damit, negativ, die Tragödie nicht als Struktur, als Lösung, und muß versuchen, sich von der Umschlingung der dramatischen (tragischen) Form zu befreien. Denn darauf kommt es an, wie die Aufgabe gelöst wurde.

4. Carl Otto Conrady: *Die Erzählweise Heinrich von Kleists.* Ungedruckte Münsterer Dissertation 1953.

Die Arbeit besteht aus I Untersuchungen, II Interpretationen. Die Interpretationen bringen außer einer nicht ganz befriedigenden, weil nicht konsequent durchgeführten, Anwendung der in den Untersuchungen gewonnen Erkenntnisse wenig Neues.

Dagegen die Untersuchungen des I. Teils bieten eine Fülle wertvoller Beobachtungen, die für eine Arbeit, die in ganzer Breite die Zusammenhänge zwischen formaler Erscheinung und innerer Substanz in der Dichtung Kleists darlegen will, von großem Nutzen sein können. Fragwürdig wird zum Teil wieder die Interpretation der Beobachtungen, was auch an der Ausdrucksweise, mit der diese Interpretationen vorgetragen werden, sichtbar wird: „... bedeutet doch wohl dies: ..." oder: „Denn dies ist nun doch deutlich ..." — Die Untersuchungen gehen 1. auf den Satz, 2. das Dramatische, 3. das Ungesagte, 4. das Idyllisch-Märchenhafte, 5. Symbol und Sinnbild. — Im wesentlichen trifft auch hier zu, was oben gesagt wurde.

FSC
www.fsc.org
MIX
Papier | Fördert gute Waldnutzung
FSC® C083411

Kolibri 360 GmbH
Ferdinand-Jühlke-Straße 7
99095 Erfurt, Deutschland
produktsicherheit@kolibri360.de